工事担任者

科目別テキスト
わかる全資格
[基礎]

リックテレコム

は　し　が　き

　　本書は、工事担任者・科目別テキストシリーズ、全資格共通の「電気通信技術の基礎」科目を対象としたテキストです。

　　本シリーズは、科目別重点学習用テキストとして、下記のような受験者の皆様に活用していただくことを目指したものです。
　・新規受験者　：苦手科目を徹底的に克服したい方
　　　　　　　　　　受験科目を絞り、順次確実な合格をねらう方
　・再受験者　　：前回不合格だった科目に再挑戦する方
　科目を絞った重点学習テキストに求められる最大の条件は、
　①短期間に　②誰にでも　③容易にわかるように編集されていることです。
　　本シリーズは、この3つの条件を実現するために、従来にない画期的な編集方法を採用しました。
　　試験の重要テーマを、図解としてすべて見開きページの右側にまとめたことです。
　　読者の皆さんは、この図解ページに目を通すだけで、重要語句や公式はもちろんのこと、試験のポイントを一覧することができます。
　　また、これまで理解しにくかった事項も、図解を通して内容の組み立てや関係がひとめでわかるため、直観的にその核心を理解することができます。
　　まず、左ページの文章で内容を深め、さらに右ページの図解で要点の確認と総整理を行ってみて下さい。短期間で、自然に無理なく、しかも確実にテーマの内容が修得できることでしょう。
　　さらに、各章の終わりには、「練習問題」を設けています。これまでに出題された試験問題等から重要なものを選んで掲載しており、これらの問題を解くことにより、出題のイメージをつかむとともに、現時点でどれだけ理解できているかを試すことができます。
　　本書を活用し、受験者の皆様全員が合格されることをお祈りいたします。

　2021年1月

　　　　　　　　　　　　　　　　　　　　　　　　　　　　　　　　編者しるす

工事担任者資格試験(以下、「試験」と表記)は、一般財団法人日本データ通信協会が総務大臣の指定を受けて実施する。

1 試験種別

総務省令(工事担任者規則)で定められている資格者証の種類に対応して、第1級アナログ通信、第2級アナログ通信、第1級デジタル通信、第2級デジタル通信、総合通信の5種別がある。また、令和3年度から3年間は、旧資格制度のAI第2種およびDD第2種の試験も行われることになっている。

2 試験の実施方法

試験は毎年少なくとも1回は行われることが工事担任者規則で定められている。試験には、年2回行われる「定期試験」と、通年で行われる「CBT方式の試験」がある。

●定期試験

定期試験は、決められた日に受験者が比較的大きな会場に集合し、マークシート方式の筆記により行われる試験で、原則として、第1級アナログ通信、第1級デジタル通信、総合通信、AI第2種、DD第2種の受験者が対象となっている。

定期試験の実施時期、場所、申請の受付期間等については、一般財団法人日本データ通信協会電気通信国家試験センター(以下、「国家試験センター」と表記)のホームページにて公示される。

国家試験センターのホームページは次のとおり。

https://www.shiken.dekyo.or.jp

●CBT方式の試験

CBT方式の試験は、受験者がテストセンターに個別に出向き、コンピュータを操作して解答する方法で行われる試験である。対象となるのは、第2級アナログ通信および第2級デジタル通信の受験者である。

3 試験申請

試験申請は、インターネットを使用して行う。申請方法は定期試験とCBT方式の試験で異なり、国家試験センターのホームページにある「電気通信の工事担任者」のメニューから、受験する試験種別に応じて適切な項目を選択する。

●定期試験の申請

① 「定期試験申請 申請内容・振込確認」を選択すると、「インターネット試験申請受付」画面が表示される。ここで、「○ 現在受付け中」と表示されている試験回の「インターネット申請」を選ぶ。

② 申込み画面が表示されるので、住所、氏名、生年月日、eメールアドレス、試験種別、科目免除の有無等の必要事項を入力する。科目免除がある場合は必要な証明書等をアップロードする。

③ 「申請受付完了メール」により、申請受付番号、申請内容、試験手数料および払込み方法、注意事項等が通知される。

④ 所定の払込期限内に③で指定された方法により試験手数料を払い込む。

●CBT方式の試験の申請および予約

① 「CBT方式による試験申請」を選択すると、試験に関するWebサイトの画面が表示される。この画面から、試験申請の手続きや、受験可能なテストセンターおよび空き状況の確認ができる。

② CBT方式の試験を初めて申請する場合は、まず「マイページアカウント」を開設する。「マイページアカウントID新規作成」ボタンを押し、手順に従ってeメールアドレスを登録する。

③ 「マイページ登録URLのお知らせ」メールが送られてくるので、その本文に記載されたリンクを24時間以内にクリックし、希望するユーザIDとパスワード、氏名、生年月日、連絡先等の基本情報を登録する。希望するユーザIDに重複等がなければ「マイページ」が作成される。

④　①の画面で「受験者マイページログイン」を選ぶと、ログイン画面が表示される。ここで③で登録したユーザIDとパスワードを入力すると、マイページにログインできる。

⑤　画面に沿って試験種別、科目免除の有無、支払い方法等の必要な情報を登録し、所定の写真画像をアップロードする。

⑥　指定された日までに所定の方法で試験手数料を払い込む。試験手数料の払込みが確認されると「入金確認のお知らせメール」が送られてくる。

⑦　申請内容が審査され、問題がなければ「確認票メール」が送られてくる。これにより、試験の予約が可能になる。

⑧　「マイページ」にログインし、「CBT申込」ボタンを押す。表示された画面に沿って必要な情報を入力し、受験会場・日時（確認票メールを受信してから90日以内の日）を選択する。

⑨　「申込完了」ボタンを押すと予約が完了し、登録したeメールアドレスに予約完了のお知らせが送られてくるので、申請内容を確認する。

⑩　予約の確認および試験会場・試験日時等の変更は、マイページにて行うことができる。

4　試験科目および試験時間

試験科目は、各種別とも「電気通信技術の基礎」「端末設備の接続のための技術及び理論」「端末設備の接続に関する法規」がある。試験時間は、1科目につき40分相当（総合通信の「技術及び理論」科目のみ80分）が与えられる。3科目受験の場合は120分（総合通信は160分）となるが、その時間内での時間配分は自由である。

5　試験当日

●定期試験

試験の日の2週間前までに受験票が発送されるので、届いたら試験会場および試験日時を確認する。

試験場には必ず受験票を持参する。受験票には氏名および生年月日を正確に記入し、所定の様式の写真を貼る。写真の裏面には氏名および生年月日を記入しておく。受験票を忘れたり、受験票に写真を貼っていない場合は受験できない。解答は、鉛筆またはシャープペンシルでマークシートに記入する。受験にあたっては、受験票に記載された注意事項および係員の指示に従うこと。

●CBT方式の試験

遅刻すると受験できない場合があるので、試験開始の30〜5分前までに予約した会場（テストセンター）に到着するようにする。受験票はなく、運転免許証等の本人確認書類を持参する。受験にあたっては、係員の指示に従うこと。

6　合格基準および試験結果の通知

科目ごとに100点満点で60点以上が合格となり、3科目とも合格すると試験に合格したことになる。もし試験に不合格になっても、合格した科目があれば、その試験実施日の翌月から3年以内に行われる試験について該当科目の免除申請ができる。

試験結果は、定期試験では試験の3週間後に「試験結果通知書」により受験者本人に通知される。また、CBT方式の試験では、試験日翌月の10日に試験結果発表のeメールが送られてくると、「マイページ」で試験結果を確認できる。

7　資格者証の交付

試験に合格した後、資格者証の交付を受けようとする場合は、「資格者証交付申請書」を入手し、必要事項を記入のうえ、所定金額の収入印紙（国の収入印紙。都道府県の収入証紙は不可。）を貼付して、受験地（全科目免除者は住所地）を管轄する地方総合通信局または沖縄総合通信事務所に提出する。資格者証の交付申請は、試験に合格した日から3か月以内に行うこと。

● 本書活用上の注意

　本書は、全資格共通の「電気通信技術の基礎」科目のテキストとして構成されています。そのため、読者の皆様が受験される資格種別に応じて必要な内容を効率的に学習できるよう、資格種別と出題される項目との対応を下表に示します。受験する資格に応じて学習する範囲を表に基づき選択してください。

項目	細目	具体例	第1級 アナログ通信	第2級 アナログ通信	第1級 デジタル通信	第2級 デジタル通信	総合通信
電気工学の基礎	電気回路	直流回路、交流回路、電磁誘導、静電容量、交流電力、合成インピーダンス、等	○		○		○
	電子回路	半導体素子、集積回路、ダイオード・トランジスタ回路、増幅回路、発振回路、変復調回路、AD/DA変換回路、等	○		○		○
	論理回路	論理式とシンボル、論理回路と入出力信号、データの表現（16進数、10進数、2進数）、フリップ・フロップ、基本論理演算、等	○		○		○
電気通信の基礎	伝送理論	伝送量の単位、特性インピーダンス、反射とインピーダンス整合、伝送品質（漏話、ひずみ等）、伝送速度、光の性質、等	○		○		○
	伝送技術	伝送方式、アナログ変調、デジタル変調、パルス変調、光変調、増幅技術、多重化方式、多元接続技術、通信評価指標、等	○		○		○
電気工学の初歩	電気回路	直流回路、交流回路、電磁誘導、静電容量、合成インピーダンス、等		○		○	
	電子回路	半導体素子、集積回路、ダイオード・トランジスタ回路、増幅回路、発振回路、等		○		○	
	論理回路	論理式とシンボル、論理回路と入出力信号、データの表現（16進数、10進数、2進数）、等		○		○	
電気通信の初歩	伝送理論	伝送量の単位、特性インピーダンス、反射とインピーダンス整合、伝送品質（漏話、ひずみ等）、伝送速度、光の性質、等		○		○	
	伝送技術	伝送方式、アナログ変調、デジタル変調、パルス変調、光変調、増幅技術、通信評価指標、多重化方式、多元接続技術、等		○		○	

c o n t e n t s

電気回路

　本章では、電気の基礎現象および電気回路の計算とその解法について学習する。

　学習項目としては、主に静電気・磁気など電気にまつわる諸現象に関する部分と、直流回路・交流回路の計算、交流電力、電気計測などがある。

　ここでは、静電気・磁気現象に関する定義や公式を確実に覚えること、また、回路計算については基本的な解法をマスターし、問題演習を繰り返し計算力を養うことが重要である。

1 静電気

1-1 静電気(1)

1. 静電気

2つの異なった物質をこすり合わせると電気が発生する。このようにして発生する電気を**静電気**または**摩擦電気**という。

電気には正電気(+)と負電気(-)の2種類がある。エボナイト棒を毛皮でこすると、エボナイト棒は負電気(-)を生じ、毛皮は正電気(+)を生じる。図1のはく検電器は、静電気によって生じる力を利用して、静電気を検知するものである。帯電された物質を近づけると、はくが開くことにより、検知することができる。

このように物質が電気をもつことを**帯電**するといい、帯電した物質のことを**帯電体**という。

2. 帯電列

一般に、電気を通しにくい物質は静電気が発生しやすい。これらの物質を、図2のように発生する静電気の種類と強さの順に並べたものを**帯電列**という。

帯電列に示されている2つの物質をこすり合わせた場合、こすり合わせた相手からみて右側にあるものは正(+)に、左側にあるものは負(-)に帯電する。帯電列では、2つの物質が離れているほど帯びる電気の強さが強いことを示す。

3. 原子構造と帯電

すべての物質は、微小な原子で構成されている。原子の構造は図3のように中心に原子核があり、その原子核を中心にして軌道上を負の電気を帯びた**電子**が高速で運動しているとされている。

さらに原子核は正の電気を帯びた**陽子**と、電気的に中性の**中性子**からできている。陽子の数は電子の数に等しく、その電気量は電子と同量であるため、原子は**電気的に中性**である。

外部から摩擦等の作用によって、軌道から飛び出しやすい電子(**自由電子**)が移動し、帯電すると考えられている。

4. 電荷

物体が帯電すると、正または負の電気的性質が生じる。帯電した電気を**電荷**とよぶ。電荷には正電荷と負電荷がある。(図4)

5. 導体と絶縁体

物質の中には電気を通しやすいものと通しにくいものがある。前者を**導体**といい、後者を**絶縁体**または**誘導体**という。一般に導体は銅、金、銀、鉄のような金属類が多いが、炭素や不純物を含んだ水、酸・アルカリ・塩などの水溶液、人体も導体である。(図5)

絶縁体には、コハク、パラフィン、エボナイト、磁器、ガラス、油、純水、乾燥した空気等がある。

6. 静電誘導

図6のように、絶縁されている導体に帯電した物体を近づけると、その近い方には帯電した物体の電荷と異なる電荷が発生し、また、遠い方の端には帯電した物体の電荷と同種の電荷が発生する。このように電荷が現れることを**静電誘導**という。

7. 静電遮蔽

図7のように、帯電した物体Aを導体Bに近づけると、静電誘導によってBには電荷が誘導される。次に、物体Aを導体Cで覆うと、Cの内面にはAの電荷と異なる電荷が現れ、また、外面にはAと同種の電荷が静電誘導によって発生し、さらにこのCの外面に発生した電荷によってBには静電誘導が起こる。

このとき、導体Cを接地すると、Cの外面の電荷は大地に逃げるので、Bは静電誘導を受けなくなる。このように、帯電体を接地した導体で覆い、静電誘導を防止することを**静電遮蔽**という。

図1　はく検電器

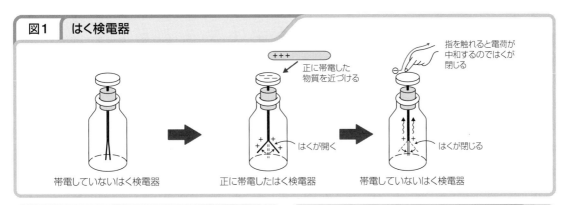

帯電していないはく検電器

正に帯電したはく検電器

帯電していないはく検電器

正に帯電した物質を近づける

はくが開く

指を触れると電荷が中和するのではくが閉じる

はくが閉じる

図2　帯電列

- 2つの物体間に発生する静電気の種類と強さを示す列を帯電列という。

負電気　　　　　　　　　　正電気

エボナイト	ゴム	金属類	コハク	木	絹	マイカ	ガラス	象牙	フランネル	毛皮

図3　原子構造と帯電

- 摩擦などにより自由電子が軌道から飛び出すことで帯電する。

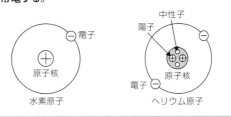

電子

原子核

水素原子

中性子

陽子

原子核

電子

ヘリウム原子

図4　電荷

- 正または負電気のもとになっているのは、電気を帯びた極めて小さい粒子と考え、これを電荷とよぶ。

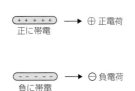

⊕ 正電荷

正に帯電

⊖ 負電荷

負に帯電

図5　導体と絶縁体

- 物質には電気を通しやすいもの（導体）と、電気を通しにくいもの（絶縁体）がある。

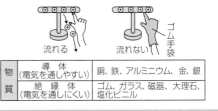

流れる

流れない

ゴム手袋

物質	導体（電気を通しやすい）	銅、鉄、アルミニウム、金、銀
	絶縁体（電気を通しにくい）	ゴム、ガラス、磁器、大理石、塩化ビニル

図6　静電誘導

- 絶縁された導体に帯電体を近づけると、静電誘導現象により正と負の電荷が現れる。

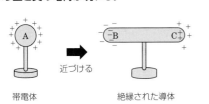

近づける

帯電体

絶縁された導体

図7　静電遮蔽

- 帯電体を接地した導体で囲むことにより静電誘導を防止する。

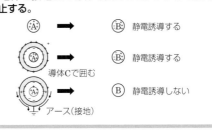

B 静電誘導する

B 静電誘導する

導体Cで囲む

B 静電誘導しない

アース（接地）

1-2 静電気(2)

1. クーロンの法則

電荷間に働く静電力について、実験によってクーロンが発見した法則を静電気に関する**クーロンの法則**という。(図1)

2つの点電荷の間に働く静電力の大きさは、それぞれの**電気量の積に比例**し、それらの間の**距離の2乗に反比例**する。

電荷の性質や作用について考えるとき、一般に、寸法0の1つの点で表される理想的な電荷を仮定する。この理想的な電荷を**点電荷**という。いま、Q_1、Q_2〔C〕(クーロン)の2つの点電荷が、真空中にr〔m〕の間隔で置かれているとすると、相互に働く力の大きさF〔N〕(ニュートン)は、

$$F = k\frac{Q_1 \times Q_2}{r^2}〔N〕$$

となる。ただし、kは定数で、一般の媒質中では、

$$k = \frac{1}{4\pi\varepsilon}$$

(εは静電気に関する媒質の性質を表す定数で、**誘電率**〔F/m〕(ファラド毎メートル)という)

真空中では、

$$k = \frac{1}{4\pi\varepsilon_0} \fallingdotseq 9.0 \times 10^9$$

(ε_0は真空中の誘電率で、約8.854×10^{-12}〔F/m〕である)

空気の誘電率は、真空の誘電率にほぼ等しい。

同種類の電荷の間には**反発力**が作用し、異種類の電荷の間には**吸引力**が働く。

2. 電気量

電気量は電荷で表され、その単位には**クーロン**〔C〕が用いられる。SI単位系においては、1A(アンペア)の電流が1秒間流れたときの電気量を1Cと定めている。(図2)

3. 比誘電率

クーロンの法則で用いられた定数$k = 9.0 \times 10^9$は真空中での値であり、他の媒質中では異なってくる。

そこで、真空の誘電率をε_0とし、ある媒質の誘電率εがε_0の何倍になるかを表したものを用いる。これを**比誘電率**ε_sという。これらの関係を次式で表す。

$$\varepsilon_s = \frac{\varepsilon}{\varepsilon_0} \quad または \quad \varepsilon = \varepsilon_0 \cdot \varepsilon_s$$

4. 導体と電荷

導体に電荷が与えられると、その電荷は表面にだけ分布する。これは、同種の電荷間において反発力が働き、導体内においては電荷が自由に移動できるので、結果的に電荷が表面に集まるからである。このとき、導体内部では、静電気力は発生しない。(図4)

5. 雷と接地

雷は自然界に起こる静電気現象である。真夏などに空気が暖められ上昇気流が生じて電気を帯びた雷雲が発生する。この電気量が大きいと、雷雲が他の雲や大地に接近し、静電誘導によって異種の電気を誘導し、ついには絶縁体である空気の層を突き破って放電する。空中の雲の間で放電するのが空中放電であり、地上の物体との間で放電する場合が落雷である。(図5)

地球は極めて大きい導体であるので、大地に電気が流れても常に安定した中性を保つことができる。このことを利用したものが**接地**あるいは**アース**とよばれるもので、電気機器などを導線によって大地に接続し、電気的に安定した状態を保つことができる。(図6)

図1　静電気に関するクーロンの法則

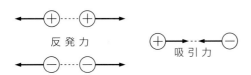

① 同種の電荷の間には反発力が作用し、異種の電荷の間には吸引力が働く。

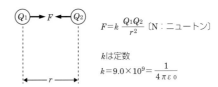

$$F=k\frac{Q_1 Q_2}{r^2}\ 〔\text{N}：ニュートン〕$$

kは定数
$$k=9.0\times10^9=\frac{1}{4\pi\varepsilon_0}$$

② 2つの電荷の間に働く力の大きさは、それぞれの電気量の積に比例し、それらの間の距離の2乗に反比例する。

図2　電気量

● 電荷とは、その物体がもっている電気量である。

電荷の単位：クーロン〔C〕

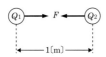

真空中で等量の電荷を1m離して置いたとき、それらの間に作用する力が9.0×10^9〔N〕となる電気量を1〔C〕という。

図4　導体と電荷

静電的状態にある導体では、
● 与えられた電荷は表面にだけ分布する。
● 導体の内部には電界は存在しない。
● 導体内部はすべて等電位である。

図3　比誘電率

● ある媒質の誘電率 ε が真空中の誘電率 ε_0 の何倍になるかを表したものを比誘電率といい、ε_s で表す。

$$比誘電率\ \varepsilon_s=\frac{ある媒質の誘電率\ \varepsilon}{真空中の誘電率\ \varepsilon_0}$$

$$\therefore\quad \varepsilon=\varepsilon_0\cdot\varepsilon_s$$

クーロンの法則における定数 k

● 真空中
$$k=\frac{1}{4\pi\varepsilon_0}\fallingdotseq 9.0\times10^9$$
ε_0は真空中の誘電率（$\varepsilon_0=8.854\times10^{-12}$）

● 一般の媒質中
$$k=\frac{1}{4\pi\varepsilon}$$
ε は静電気に関する媒質の性質を表す定数であり、誘電率という。

比誘電率表

物　質	比誘電率	物　質	比誘電率
真　空	1	ポリエチレン	2.3
空　気	約1	紙	1.2〜2.6
水	81	ガラス	3.5〜10
酸化チタン	83〜183	磁　器	5.0〜6.5

図5　雷の発生

● 雷は、静電誘導によって異種の電気を誘導することにより発生する。

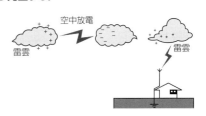

図6　接地（アース）

● 大地は導体であり、常に安定した状態（電気的に中性）を保つ。これを利用したものが接地である。

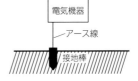

1-3 電界と電気力線

1. 電界

　空間に電荷を置くと、その付近では静電力が働く。このような静電力が働く空間を**電界**または**電場**という。

　電界は「電界中の任意の点に+1Cの電荷を置いたとき、これに加わる力の大きさを電界の強さとし、また、その方向をその点における電界の方向と定める。」のように表される。つまり、電界 $\dot{E}$ は、大きさ（強さ）と方向を持ったベクトル量である。

　真空中において、Q〔C〕の点電荷から r〔m〕離れた点の電界の強さ E〔V/m〕（ボルト毎メートル）は、

$$E = \frac{1}{4\pi\varepsilon_0} \times \frac{Q}{r^2} = 9.0 \times 10^9 \frac{Q}{r^2} \text{〔V/m〕}$$

となる。（図1）

　複数の点電荷によって生じる電界中のある点における強さは、各点電荷によって生じる電界の強さのベクトルの和として表される。（図2）

2. 電気力線

　電界の様子を表すために仮想的に考えられた線を**電気力線**という。（図3）

　電気力線には次のような性質がある。

①電気力線は（+）電荷から出て、（-）電荷に入る。

②電気力線の接線の方向がその点の電界の方向を表す。

③電気力線に垂直な単位面積（1㎡）を通る電気力線の数が電界の強さを表す。

④電気力線はゴムひものように常に縮もうとし、同じ方向の電気力線は互いに反発し合う。

⑤電気力線は途中で分岐することも他の電気力線と交差することもない。

　③に示したように、ある点における電界の強さ

は、その点における電気力線の密度に等しい。さきほどの電界の強さの式は、真空中に Q〔C〕の電荷を中心とした半径 r〔m〕の球があると考えたとき、その球面上には単位面積（1㎡）当たり E〔本〕の電気力線が貫いていることを表している。球の表面積は $4\pi r^2$ で表されるから、+Q〔C〕の電荷からは

$$4\pi r^2 E = 4\pi r^2 \times \frac{1}{4\pi\varepsilon_0} \times \frac{Q}{r^2} = \frac{Q}{\varepsilon_0} \text{〔本〕}$$

の電気力線が出ていることになる。したがって、真空中に置かれた+1〔C〕の正電荷からは $\frac{1}{\varepsilon_0}$〔本〕の電気力線が出ていて、-1〔C〕の負電荷には $\frac{1}{\varepsilon_0}$〔本〕の電気力線が入る。

3. 電束

　媒質の種類にかかわらず+1〔C〕の電荷からは1本の線が出ていると仮定し、これにより電界の様子を表すこともできる。この線を**電束**あるいは**誘電束**という。（図4（左））

　単位面積（1㎡）当たりの電束の数を**電束密度**という。+Q〔C〕の電荷を中心とした半径 r〔m〕の球があるとすると、+Q〔C〕の電荷からは Q〔本〕の電束が出るから、その球面上の電束密度 D は、

$$D = \frac{Q}{4\pi r^2} \text{〔C/㎡〕}$$

で表される（図4（右））。以上から、電界の強さと電束密度の関係は次式で表される。

$$\boldsymbol{D = \varepsilon E}$$

　なお、電束には次のような性質がある。

①電束は（+）電荷から出て、（-）電荷に入る。

②電束が出るところと入るところには、電束数に等しい電荷が存在する。

③電束の方向は電気力線と一致している。

図1　電界

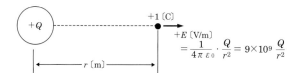

電界の強さ E 〔V/m〕の点に単位正電荷を置くと、その点に働く静電力 F 〔N〕と E は数値的に同じになる。

電界の強さ E の点に q 〔C〕の電荷を置くと、$F = qE$ になる。

$$+E \text{〔V/m〕} = \frac{1}{4\pi\varepsilon_0} \cdot \frac{Q}{r^2} = 9\times10^9 \frac{Q}{r^2}$$

図2　電界の強さの合成

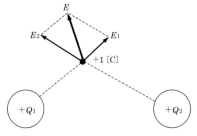

同種の電荷2つによる電界の強さの合成

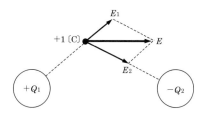

異種の電荷2つによる電界の強さの合成

図3　電気力線

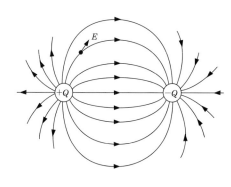

異種の電荷

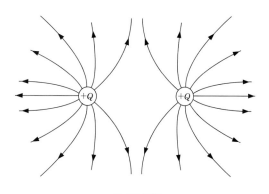

同種の電荷

図4　電束

$+Q$ 〔C〕の電荷からは Q 〔本〕の電束が出る。

$-Q$ 〔C〕の電荷には Q 〔本〕の電束が入る。

電束 N 〔本〕

$$\text{電束密度} = \frac{N}{S}$$

面積 S 〔㎡〕

単位面積（1㎡）当たりの電束の数を電束密度といい、$+Q$ 〔C〕の電荷から r 〔m〕離れた点の電束密度は

$$D = \frac{Q}{4\pi r^2} \text{〔C/㎡〕}$$

1-4 電位

1. 電位・電位差

　水が高いところから低い方へ流れるのは、重力が働くためである。いま、重力に逆らってポンプ等の仕事により水を高いところに汲み上げるとすると、汲み上げられた水にはこの仕事量に相当するだけの位置エネルギー（水の質量×重力加速度×水位の高さ）が与えられる。そして、この水を低い方へ流せば水車を回転させるなどの仕事をしてエネルギーを消失する。

　電界中にある電荷もこれと同様に考える。電荷を電界の静電力に逆らって任意の点まで移動させるためには仕事が必要であり、この仕事量に相当するだけのエネルギーが蓄えられる。

　水の場合は、水位の差（落差）が大きければ位置エネルギーも大きいが、電荷の場合も同様で、水位に相当するものを**電位**といい、水の落差に相当する2点間の電位の差を**電位差**という（図1）。

　任意の点の電位を表す場合は、電荷から十分離れた点に基準をとり、これと任意の点との電位差をその点の電位とする。十分離れた点の電位は零電位といわれ、実際には、零電位を大地とする場合が多い。

　電界中の任意の点の電位とは、電界の静電力に逆らって、その点まで1Cの電荷を移動するのに必要な仕事に相当するエネルギー〔V〕（ボルト）である。

2. 点電荷による電位

　真空中において、点電荷 Q〔C〕から r〔m〕離れた点Pの電位 V〔V〕を求める。これは、図2のように点Pに1Cの電荷を置いたときのエネルギーを〔V〕で表したものであるから、

$$V = 9.0 \times 10^9 \frac{Q}{r} \text{〔V〕}$$

となる。

　ここで、電位は大きさだけをもつ（向きはもたない）スカラ量であり、複数の電荷による電位は、それぞれの電荷による電位の和になる。

　また、帯電している導体内部には電界が存在しないので、導体内部で電荷を移動させるのに仕事は不要である。このことは、導体内部がすべて等電位であることを示している。

3. 等電位面

　電界内において、電位が等しい点をプロットしてつくられる面を**等電位面**という。1つの点電荷でつくられる電界内の等電位面は、図3（左）のようにその点電荷を中心とする同心球面になる。

　等電位面には、次のような性質がある。
①等電位面は電気力線や電束と直交する。
②電位の異なる等電位面は交わらない。
③等電位面の間隔が狭いほど電界が強い。
④導体の表面は等電位面である。

4. 電位傾度

　電荷からの距離の変化に対して電位がどれくらい変化するかの度合いを示したものを電位の傾きまたは**電位傾度**という。

　図4において、極めて距離の近い2つの点a、bを考えれば、a－b間の電位傾度は、aとbの電位差 ΔV をaとbの距離 Δr で割ったものとなる。a－b間の距離がほぼ0ならば、電位傾度はこの点における電界の強さ E〔V/m〕に等しくなる。

$$E = -\frac{\Delta V}{\Delta r} \text{〔V/m〕}$$

図1　電位・電位差

● 電界中の電位差は、重力場における水の落差に相当する。

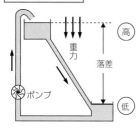

水位と電位の比較

・水は（高）→（低）に流れる（重力）
・水位の差（落差）
　→位置エネルギー増大

・電荷も高電位から低電位に移動（静電力）
・電位の差
　→電気的エネルギー（電圧）増大

図2　点電荷による電位

真空中において、$+Q$〔C〕の点電荷からr〔m〕離れた電界中の1点の電位V〔V〕は

$$V = \frac{1}{4\pi\varepsilon_0}\cdot\frac{Q}{r} = 9\times10^9\frac{Q}{r}\ \text{〔V〕}$$

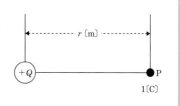

図3　等電位面

●1つの点電荷による等電位面

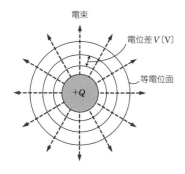

●2つの点電荷による等電位面

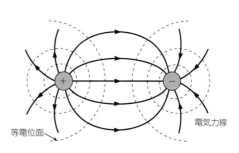

図4　電位傾度

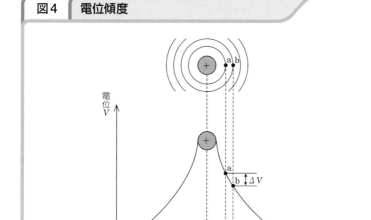

$\Delta r \fallingdotseq 0$なら電位傾度は電界強度に等しい

$$\lim_{\Delta r \to 0}\left(-\frac{\Delta V}{\Delta r}\right) = E\ \text{〔V/m〕}$$

1-5 静電容量とコンデンサ

1. コンデンサ

図1のように2つの導体を向かい合わせにして置き、これに電位差を与えると、電荷を蓄えることができる。この1組の導体を**コンデンサ**とよぶ。

一般に、コンデンサの電極に使用する導体は板状のもので、これが接近して対に置かれるため**極板**という。

2. 静電容量

静電容量とは、コンデンサにある電圧を加えたとき、どれくらいの電荷を蓄えることができるかを示すもので、容量または**キャパシタンス**ともいう。量記号にCを用い、単位は〔F〕(ファラド)で表す。加える電圧V〔V〕、蓄えられる電荷Q〔C〕、静電容量C〔F〕の関係は、次式で表される。

$$C = \frac{Q}{V} \text{〔F〕} \quad \text{または} \quad Q = CV \text{〔C〕}$$

いま、コンデンサの極板間に1Vの電圧を加えたとき、1Cの電荷が蓄えられたとすると、このときの静電容量が1Fである。ただし、〔F〕は実用的には大きすぎるので、図3のように、その10^{-6}倍を示す〔μF〕(マイクロファラド)や10^{-12}倍を示す〔pF〕(ピコファラド)を用いることが多い。

$$10^{-6} \text{〔F〕} = 1 \text{〔}\mu\text{F〕}$$
$$10^{-12} \text{〔F〕} = 10^{-6} \text{〔}\mu\text{F〕} = 1 \text{〔pF〕}$$

3. 平行平板コンデンサの静電容量

平行平板コンデンサの静電容量は、極板の**面積に比例**し、極板間の**距離に反比例**する。いま、極板の面積をS〔㎡〕、極板間の距離をd〔m〕とすれば、この平行平板コンデンサの真空中における静電容量C_0〔F〕は、次式で表される。

$$C_0 = \varepsilon_0 \frac{S}{d} \text{〔F〕}$$

4. 誘電体のあるコンデンサの静電容量

図5のようにコンデンサの極板間に絶縁体をはさむと、静電容量は真空の場合に比べて増加する。このような絶縁体を**誘電体**という。

真空中の静電容量をC_0とすると、比誘電率ε_sの誘電体を挿入した場合、比誘電率ε_s倍だけの静電容量となる。

$$C = \varepsilon_s \cdot C_0 = \varepsilon_s \cdot \varepsilon_0 \frac{S}{d} \text{〔F〕}$$

ただし、誘電体の誘電率をε〔F/m〕とすると、

$$\varepsilon = \varepsilon_s \cdot \varepsilon_0 \text{〔F/m〕}$$

5. コンデンサのエネルギー

コンデンサの両極板間に蓄えられているエネルギーは、コンデンサが帯電していない状態(放電という)から、両極板上の電気量が$+Q$、$-Q$で、極板間の電位差がV〔V〕となるのに必要な仕事として与えられる。

電位差の定義から、電界内の2点間を1Cの正電荷が移動するのに1J(ジュール)の仕事が必要ならば、この2点間の電位差は1Vであるので、Q〔C〕の電荷が電位差V〔V〕の2点間を移動するのに必要な仕事をWとすると、

$$W = QV \text{〔J〕}$$

である。

ここで、コンデンサの両極板間の電位差は、電荷Qを移動させる前が0Vで、移動後はV〔V〕であるから、コンデンサに蓄えられるエネルギーは図6のグラフの塗りつぶした部分の面積と等しくなる。したがって、コンデンサの**静電エネルギー**をUとすると

$$U = \frac{1}{2}QV = \frac{1}{2}CV^2 = \frac{1}{2} \cdot \frac{Q^2}{C} \text{〔J〕}$$

と表せる。

図1　コンデンサ

● 2枚の極板（導体）を向かい合わせ、電荷を蓄えるようにしたものをコンデンサという。

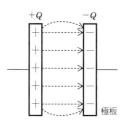

図2　静電容量

● 電荷（電気量）を蓄える能力をコンデンサの静電容量という。

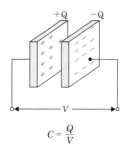

$$C = \frac{Q}{V}$$

図3　静電容量の単位

● 静電容量の単位は〔F〕（ファラド）を用いる。

1〔F〕は実用的に大きすぎるので

$$10^{-6}\,\text{〔F〕} = 1\,\mu\text{F}\,（マイクロファラド）$$
$$10^{-12}\,\text{〔F〕} = 1\text{pF}\,（ピコファラド）$$

が用いられる。

図4　平行平板コンデンサの静電容量

● 真空中の平行平板コンデンサの静電容量は

$$C_0 = \varepsilon_0 \frac{S}{d}\,\text{〔F〕}$$

で表す。

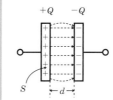

S：極板の面積〔㎡〕
d：極板間の距離〔m〕
ε_0：真空の誘電率
　$\varepsilon_0 = 8.854 \times 10^{-12}$〔F/m〕

図5　誘電体のあるコンデンサの静電容量

● コンデンサの極板間に絶縁体をはさむと静電容量が増加する。このような絶縁体を誘電体という。

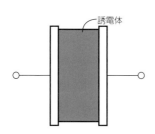

誘電体のあるコンデンサの静電容量は真空中の場合の比誘電率（ε_s）倍となる。
$$C = \varepsilon_s \cdot C_0$$
ここで、$\varepsilon_s = \dfrac{\varepsilon}{\varepsilon_0}$　　∴　$\varepsilon = \varepsilon_s \cdot \varepsilon_0$

図6　コンデンサのエネルギー

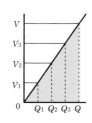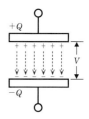

静電容量 C〔F〕のコンデンサが電荷 Q〔C〕を蓄え、極板間の電位差を V〔V〕とすると、コンデンサの電気エネルギー U は、

$$U = \frac{1}{2}QV$$
$$= \frac{1}{2}CV^2$$
$$= \frac{1}{2} \cdot \frac{Q^2}{C}\,\text{〔J〕}$$

となる。

1-6　過渡現象、合成静電容量

1. コンデンサの過渡現象

　コンデンサと抵抗を直列に接続した回路に直流電源を接続すると、瞬間的に電流が流れてコンデンサは充電される。充電が完了すると電流は0となる。また、放電の場合も電流の方向は逆になるが、同様な現象がみられる、このように、回路の電流や電圧が一定の状態に落ち着く**定常状態**になるまでに起こる変化の状態を**過渡現象**という。

　コンデンサと抵抗の直列回路ではコンデンサの容量が大きいほど、充・放電にかかる時間が長くなる。これは、コンデンサや抵抗を含む回路が定常状態になるまでには、いくらかの時間がかかることを意味する。

　コンデンサの両端の電圧 V_C は、直流電源の電圧を E〔V〕、抵抗を R〔Ω〕、コンデンサの静電容量を C〔F〕、時間を t〔s〕(秒)とすると、次式で表される。

$$V_C = \left(1 - \varepsilon^{-\frac{t}{CR}}\right)E \,〔\mathrm{V}〕 \quad (\varepsilon は自然対数の底)$$

ここで $t = CR$〔s〕(秒)とすると、

$$V_C{}^* = \left(1 - \varepsilon^{-1}\right)E \fallingdotseq \left(1 - 2.71828^{-1}\right)E$$
$$\fallingdotseq 0.632E\,〔\mathrm{V}〕$$

となり、コンデンサの両端電圧は加えられた電圧の約63.2%に達する。このときの時間を

$$\tau = CR\,〔\mathrm{s}〕$$

とおき、**時定数**とよぶ。時定数は過渡現象の速さの目安となる。

2. 微分回路、積分回路

　図2、3のように、単一方形波電圧をコンデンサと抵抗で構成した回路に加えると、**微分回路**においてはパルス幅の狭いパルス波形が出力され、**積分回路**では徐々に増加する波形が出力される。

　このとき、パルスの幅 t に比較して、微分回路においては時定数 τ を小さく設定し、積分回路では時定数 τ を大きく設定する。

　これらの回路では、それぞれの回路に入力するパルス波形を微分した値あるいは積分した値に比例した波形が出力される。

3. 合成静電容量

　コンデンサの接続方法には、並列接続と直列接続の2つの方法がある。

　接続されたコンデンサ全体の静電容量を**合成静電容量**という。

(a)並列接続

　図4のような並列接続の場合、それぞれのコンデンサに蓄えられる電気量を Q_1〔C〕、Q_2〔C〕、Q_3〔C〕とすると、

$$Q_1 = C_1 V、\quad Q_2 = C_2 V、\quad Q_3 = C_3 V$$

となり、それぞれの電気量は各コンデンサの容量により異なるが、全てのコンデンサの極板間にかかる電圧 V は同じである。

　全体の電荷を Q とすると、

$$Q = Q_1 + Q_2 + Q_3 = C_1 V + C_2 V + C_3 V$$
$$= (C_1 + C_2 + C_3)V$$

合成静電容量を C とすると、

$$Q = CV$$
$$\therefore \quad C = C_1 + C_2 + C_3$$

　並列に接続されたコンデンサの合成静電容量は各コンデンサの容量の和に等しい。

(b)直列接続

　図5において、コンデンサ C_1 の極板 a に $+Q$ の電荷が与えられたとすると、極板 b には $-Q$ が誘導される。コンデンサ C_2 の極板 c は、コンデンサ C_1 の極板と接続されているので、極板 c には $+Q$ が誘導される。

　同様に、極板 d には $-Q$ が誘導され、コンデンサ C_3 の極板 e には $+Q$ が誘導され、極板 f に $-Q$ が誘導される。

この結果、両端のAとBの端子には、$+Q$、$-Q$が現れることになる。

図の端子A－B間の電位差をVとし、各コンデンサC_1、C_2、C_3の極板間の電圧をV_1、V_2、V_3とすると、

$$V = V_1 + V_2 + V_3 \quad \cdots\cdots\cdots\cdots ①$$

合成静電容量をCとすると、

$$C = \frac{Q}{V} \,\text{〔F〕}$$

$$\therefore \quad V = \frac{Q}{C} \quad \cdots\cdots\cdots\cdots\cdots ②$$

また、

$$V_1 = \frac{Q}{C_1},\ V_2 = \frac{Q}{C_2},\ V_3 = \frac{Q}{C_3} \quad \cdots\cdots ③$$

ここで、①式に②および③を代入すると、

$$\frac{Q}{C} = \frac{Q}{C_1} + \frac{Q}{C_2} + \frac{Q}{C_3}$$

両辺をQで割れば、

$$\frac{1}{C} = \frac{1}{C_1} + \frac{1}{C_2} + \frac{1}{C_3}$$

整理すると、

$$C = \cfrac{1}{\cfrac{1}{C_1} + \cfrac{1}{C_2} + \cfrac{1}{C_3}}$$

よって、直列に接続されたコンデンサの合成静電容量を求めることができる。

なお、これらが組み合わされた直並列回路も、これらの式を用いて合成静電容量を求めることができる。

図1　コンデンサの過渡現象

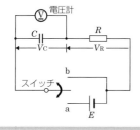

充電時（a側）のコンデンサの両端電圧V_Cの変化

図2　微分回路と入・出力波形

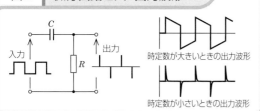

時定数が大きいときの出力波形

時定数が小さいときの出力波形

図3　積分回路と入・出力波形

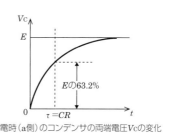

時定数が小さいときの出力波形

時定数が大きいときの出力波形

図4　並列接続時の合成静電容量

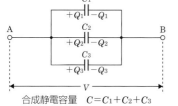

合成静電容量　$C = C_1 + C_2 + C_3$

図5　直列接続時の合成静電容量

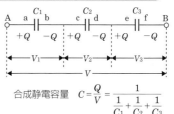

合成静電容量　$C = \dfrac{Q}{V} = \cfrac{1}{\cfrac{1}{C_1} + \cfrac{1}{C_2} + \cfrac{1}{C_3}}$

2 直流回路

2-1 電気抵抗

1. オームの法則

電気回路に流れる電流は、加えた電圧に比例する。これを**オームの法則**という。電流をI〔A〕（アンペア）、電圧をV〔V〕（ボルト）とし、Gを比例定数とすると、次の関係式が成り立つ。

$$I = GV$$

ここで、Gを**コンダクタンス**といい、その導体における電流の流れやすさを示すもので、単位は〔S〕（ジーメンス）を用いる。また、コンダクタンスの逆数を**抵抗**（電気抵抗）といい、単位は〔Ω〕（オーム）を用いる。いま、抵抗をR〔Ω〕とすると、オームの法則は次のように表される。

$$I = \frac{V}{R} \qquad V = IR \qquad R = \frac{V}{I}$$

導体に1Vの電圧を加えたときに1Aの電流が流れたとすれば、その導体の電気抵抗は1Ωである。

2. 電気抵抗と温度係数

(a)電気抵抗

導体の電気抵抗は、導体の種類や形、大きさによって異なる。同一の物質からなる導体では、電気抵抗R〔Ω〕は、長さl〔m〕に比例し、断面積S〔㎡〕に反比例する（図2）。これを式で表すと、

$$R = \rho \frac{l}{S} = \frac{l}{\sigma \cdot S} \ \text{〔Ω〕}$$

となる。ここで、ρは導体をつくる物質により決まる定数で**抵抗率**といい、単位は〔Ω・m〕を用いる。また、抵抗率の逆数を**導電率**σといい、単位に〔S/m〕を用いて表す。

(b)抵抗の温度係数

物質の電気抵抗は温度によって変化する。たとえば、電球に電流を流すと、フィラメントの温度上昇によって抵抗が大きくなるため、電圧と電流は比例しない。

ある温度における抵抗値を基準として温度が1℃上昇するごとに抵抗が増加または減少する割合を、**抵抗の温度係数**という。ある物質の温度がt〔℃〕のときの電気抵抗がR_t〔Ω〕、その物質の温度係数がα_t〔℃$^{-1}$〕であるとすると、温度がT〔℃〕に変化したときの抵抗R_T〔Ω〕は、次式で表される。

$$R_T = R_t\{1 + \alpha_t(T-t)\} \ \text{〔Ω〕}$$

一般に、金属では温度が上昇するにしたがって抵抗値が大きくなっていく。このことを温度係数が正であるという。一方、半導体は温度が上昇するにしたがって抵抗値が小さくなっていき、温度係数は負である。（図3）

3. 電池の内部抵抗

図4のように、電池から電流を取り出しながら正と負の電極間の電圧V〔V〕を計ってみると、電流I〔A〕が増加するにつれて電圧が下がっていくことがわかる。このときの電圧を**端子電圧**といい、その下がり方は、電流に比例しているので、

$$V = E - rI \ \text{〔V〕}$$

と表すことができる。電流を流さないときの端子電圧は電池の起電力E〔V〕に等しい。電流を流したときの電圧降下がrI〔V〕で、このときのr〔Ω〕を**電池の内部抵抗**という。流れる電流Iが大きくなると、電池の内部抵抗rによる電圧降下rIが大きくなり、端子電圧Vが低下する。

4. 抵抗の接続

複数の抵抗を接続して電気的に同じ働きをする1つの抵抗に置き換えたものを**合成抵抗**という。

(a)直列接続（図5）

複数の抵抗を1列に接続し、それぞれの抵抗に同じ電流が流れるようにした接続を直列接続という。この場合の合成抵抗の値は、各々の抵抗の値の**和**となる。また、各抵抗の電圧降下の和は加えた電圧

に等しく、各抵抗に加わる電圧（電圧降下）の大きさは、全体の電圧を**各抵抗値の割合に比例**して配分した値となる。各抵抗にかかる電圧を**分圧**という。

(b)並列接続（図6）

複数の抵抗の両端をそれぞれ1ヶ所で接続し、各抵抗に同じ電圧が加わるようにした接続を並列接続といい、この場合の合成抵抗の値は、各抵抗の値の**逆数の和の逆数**である。並列接続の各

抵抗に流れる電流の大きさは、**各抵抗値の逆数の割合に比例**して配分した値となる。各抵抗に流れる電流を**分流電流**という。

(c)直並列回路の計算法（図7）

直並列回路の合成抵抗を求めるには、直列回路、並列回路の計算法を応用し、回路の各部分ごとの合成抵抗を求め、簡単な等価回路に書き換えることにより計算できる。

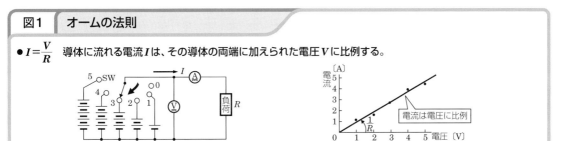

図1　オームの法則

● $I = \dfrac{V}{R}$　導体に流れる電流Iは、その導体の両端に加えられた電圧Vに比例する。

図2　電気抵抗

● $R \propto \dfrac{l}{S}$　抵抗Rは長さlに比例し、断面積Sに反比例する。

（抵抗小）太い　（抵抗大）細い

導体の長さが等しいとき断面積が小さい方が抵抗が大きい。

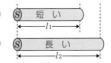

（抵抗小）短い　（抵抗大）長い

導体の断面積が等しいとき長さが長い方が抵抗が大きい。

図3　温度係数

金属は正の温度係数をもつ。半導体は負の温度係数をもつ。

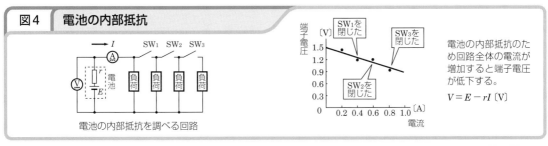

図4　電池の内部抵抗

電池の内部抵抗を調べる回路

電池の内部抵抗のため回路全体の電流が増加すると端子電圧が低下する。

$V = E - rI$〔V〕

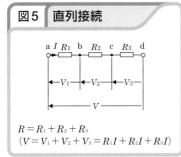

図5　直列接続

$R = R_1 + R_2 + R_3$
$(V = V_1 + V_2 + V_3 = R_1 I + R_2 I + R_3 I)$

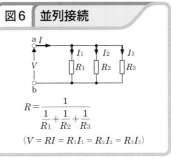

図6　並列接続

$R = \dfrac{1}{\dfrac{1}{R_1} + \dfrac{1}{R_2} + \dfrac{1}{R_3}}$

$(V = RI = R_1 I_1 = R_2 I_2 = R_3 I_3)$

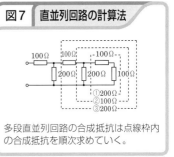

図7　直並列回路の計算法

多段直並列回路の合成抵抗は点線枠内の合成抵抗を順次求めていく。

2-2 電流と仕事

1. ジュールの法則

(a)ジュール熱

電流には発熱作用があり、ニクロム線のような抵抗線に電流を流すと熱を発生する。この熱を**ジュール熱**といい、抵抗R〔Ω〕に電流I〔A〕をt〔s〕間流したときに発生する熱量をH〔J〕とすれば、

$$H = I^2Rt \text{〔J〕}$$

となり、電流の2乗と抵抗の積に比例する。これを**ジュールの法則**という。また、熱量を表す単位として、カロリー〔cal〕を用いる場合もある。

1calは、14.5℃の純水1gの温度を標準大気圧のもとで1K上昇させるのに必要な熱量と定義されている。ただし、水の温度が14.5℃でなくてもこの値には大きな差異はないため、一般に水1gの温度を1K高くするのに必要な熱量とみなすことができる。ここで、〔K〕(ケルビン)は絶対温度を表す単位である。

実験により、1calは約4.186Jに相当し、1Jは約0.24calであることがわかっている。したがって、上記の発熱量の式は次のようにカロリー表示で書き換えることができる。

$$H = 0.24I^2Rt \text{〔cal〕}$$

(b)発生熱量と受熱量

いま、電熱線により水m〔g〕の温度をt〔s〕間でT_1〔℃〕からT_2〔℃〕に上昇させる場合を考える。このとき必要な熱量H_0〔cal〕は、

$$H_0 = m(T_2 - T_1) \text{〔cal〕}$$

となる。電気エネルギーがそのまますべて水温上昇に置き換えられるとすれば、t〔s〕間でH_0の熱量を水に与えることになるから、

$$H_0 = m(T_2 - T_1) = 0.24I^2Rt \text{〔cal〕}$$

よって、水温をT_1〔℃〕からT_2〔℃〕に上昇させるために要する時間t〔s〕は、

$$t = \frac{m(T_2 - T_1)}{0.24I^2R} \text{〔s〕}$$

ただし、現実にはある程度の損失が発生する。このことを考慮して、電熱線から水に与えられるエネルギーを計算するのに、消費する電力に対してどれだけの割合が水温の上昇に使われるかを表す係数を掛けるのが普通である。この係数を熱効率といい、記号ηで表し、$0 \leq \eta \leq 1$である。したがって、上式は次のようになる。

$$t = \frac{m(T_2 - T_1)}{0.24I^2R\eta} \text{〔s〕}$$

2. 許容電流とヒューズ

(a)許容電流

電流の発熱作用により、導線に電流を通じるとその温度が上昇する。電熱器はその性質を利用したものであるが、必要のない箇所の温度上昇はなるべく避けなければならない。たとえば、過大な電流が流れて限度以上に被覆導線の温度が上がると、その電気的絶縁力が低下して漏電の原因となったり、電気機器を焼損したりする。また、機械的強度が低下して断線しやすくなるなどの問題が生じる場合もある。そのため、電気機器や電線には、これを安全に使用するために許される限界の電流値が定められている。これを**許容電流**または**安全電流**という。

(b)ヒューズ

ヒューズは、ある一定値(定格電流)以上の過大電流がある時間流れると、ヒューズに生じたジュール熱のために自ら溶断して回路を切り、電気配線や電気機器を保護する役目をする。

規定された条件のもとで、ヒューズに対してある一定時間通電したときに劣化を生じないような最大の電流値をヒューズの許容電流という。

3. 電力と電力量

(a)電力

図2において、t〔秒〕間に抵抗R〔Ω〕で発生する熱量は、ジュールの法則より、

$$H = I^2Rt = VIt〔J〕$$

電流が1sの間に行う仕事の量〔J/s〕（ジュール毎秒)を電力といい、単位に〔W〕（ワット）を用いる。したがって、電力P〔W〕は、

$$P = \frac{H}{t} = I^2R = VI〔W〕$$

(b)電力量

一定の電力のもとに、ある時間内になされた仕事の総量をその時間内における電力量といい、電力とその電力が続いている時間との積で表す。したがって、電力をP〔W〕、時間をt〔s〕とすれば、電力量Wは、次式のように表される。

$$W = Pt〔Ws〕= Pt〔J〕$$

電力量の単位は〔Ws〕（ワット秒）であるが、実用上の必要から、大きな電力量を表すものとして、〔Wh〕（ワット時）、〔kWh〕（キロワット時)がよく用いられる。これらの単位の間には次のような関係がある。

$$1〔Wh〕= 1〔W〕× 3,600〔s〕$$
$$= 3,600〔Ws〕(= 3,600〔J〕)$$
$$1〔kWh〕= 1,000〔Wh〕≒ 860〔kcal〕$$

＊家庭用の電力料金の請求書をみると、1カ月に使用した電力量はkWhで表されている。

4. 最大電力供給の条件 (図3)

内部抵抗r〔Ω〕の電源から負荷R〔Ω〕に電力が供給されているとき、負荷に最大の電力が供給されるのは、次式の条件が成り立つ場合である。

$$r = R$$

図1　ジュールの法則

● ジュール熱の測定

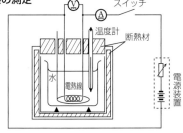

電流によって発生するジュール熱はこのような実験装置を用いて測定することができる。スイッチを閉じる時間t〔秒〕をあらかじめ決めておき、電熱線に加わる電圧をいろいろに変えながら電流および電圧を測定する。また、熱の発生は水温の上昇によって調べる。

その結果、発熱する熱量は「電圧×電流」に比例することがわかる。

図2　電力と電力量

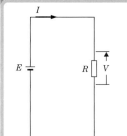

電力をP〔W〕とすると
$$P = VI$$
$$= I^2R$$
$$= \frac{V^2}{R}$$

V、I、Rのうちいずれか2つがわかればPを求めることができる。

図3　最大電力供給の条件

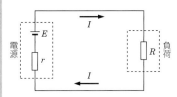

Rで消費される電力が最大となるための条件は
$$r = R$$
そのときの消費電力は
$$P_m = \frac{E^2}{4r}$$

2-3 直流回路計算

1. キルヒホッフの法則

キルヒホッフの法則により、複雑な回路の分岐路に流れる電流の大きさおよび方向を求めることができる。

(a)第1法則(電流則)

回路網中の任意の接続点において流入出する電流の総和は0である。たとえば、図1のように接続点に5本の導線がつながれており、接続点に流れ込む電流をI_1、I_2、I_4、流れ出る電流をI_3、I_5とし、接続点に流入する電流の方向を正、流出する電流の方向を負とすれば、

$$I_1 + I_2 + I_4 + (-I_3) + (-I_5) = 0$$

となる。上式を変形すると、

$$I_1 + I_2 + I_4 = I_3 + I_5$$

となる。これは、回路網の任意の接続点に流れ込む電流の和は、流れ出る電流の和に等しいことを示している。

(b)第2法則(電圧則)

回路網中の任意の閉回路の起電力の総和は、その回路内の抵抗の電圧降下の総和に等しい。閉回路内にn個の抵抗とm個の起電力があるとすると、

$$E_1 + E_2 + \cdots + E_m = R_1I_1 + R_2I_2 + \cdots + R_nI_n$$

となる。ただし、ある岐路における起電力の向きが、閉回路をたどる方向と逆向きになる場合は、その起電力と岐路を流れる電流には−(マイナス)の符号をつけて計算する。

例題

次図のような2つの電源E_1、E_2をもつ抵抗回路の各岐路に流れる電流を求める。

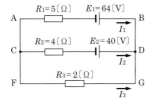

接続点Dにキルヒホッフの第1法則を適用すれば、次式を得る。

$$I_1 + I_2 + I_3 = 0 \quad \cdots\cdots\cdots\cdots ①$$

次に、閉回路ABGFとCDGFにキルヒホッフの第2法則を適用すると、次式を得る。

$$\begin{cases} E_1 = R_1I_1 - R_3I_3 \\ E_2 = R_2I_2 - R_3I_3 \end{cases} \quad \cdots\cdots\cdots\cdots ②$$

①より、$I_3 = -I_1 - I_2$。これを②に代入して整理すると、

$$\begin{cases} E_1 = (R_1 + R_3)I_1 + R_3I_2 \\ E_2 = R_3I_1 + (R_2 + R_3)I_2 \end{cases} \quad \cdots\cdots\cdots ②'$$

②'に与えられた数値をそれぞれ代入すると、

$$\begin{cases} 64 = 7I_1 + 2I_2 \\ 40 = 2I_1 + 6I_2 \end{cases}$$

この2元連立方程式を解いて、$I_1 = 8$〔A〕、$I_2 = 4$〔A〕。これと①より、$I_3 = -8 - 4 = -12$〔A〕。

I_3は負の数となるが、これは仮定した方向と逆の方向に流れる電流であることを示す。

2. 帆足・ミルマンの定理

さきほどの例題は**帆足・ミルマンの定理**を用いて解くこともできる。

帆足・ミルマンの定理は、並列に接続された閉回路網の電圧を求めることができる。さきほどの例で示した回路のB−A間の電圧Vは、

$$V = \frac{\dfrac{E_1}{R_1} + \dfrac{E_2}{R_2} + \dfrac{E_3}{R_3}}{\dfrac{1}{R_1} + \dfrac{1}{R_2} + \dfrac{1}{R_3}} \text{〔V〕}$$

で表すことができる。

Eの向きが仮定したVの向きと異なるときは、Eに−(マイナス)の符号をつけて負の値として計算する。なお、例題では、R_3に直列に接続されてい

る起電力がないので、$E_3 = 0$〔V〕として計算する。

3. ブリッジ回路

　図3のような回路をブリッジ回路といい、抵抗の測定、通信線路の障害地点までの距離の測定に用いられる。

　たとえば、図4に示すように、固定抵抗器R_1、R_2、可変抵抗器R_4、および検流計Gを用い、未知抵抗R_xを測定する方法がある。

　R_4を調整して検流計に電流が流れないようにす

ると、この状態ではC－D間の電位が等しいので、各抵抗の電圧降下の関係は次式のようになる。

$$\begin{cases} I_1 R_1 = I_2 R_2 \\ I_1 R_x = I_2 R_4 \end{cases}$$

　上式から、未知抵抗R_xは、

$$R_x = \frac{I_2}{I_1} \times R_4 = \frac{R_1 R_4}{R_2}$$

となる。すなわち、R_1、R_2、R_4の値よりR_xの値を求めることができる。このような電気抵抗を測定する装置を**ホイートストン・ブリッジ**という。

図1	キルヒホッフの第1法則

● 回路網中の任意の接続点に流入する電流の和は、流出する電流の和に等しい。

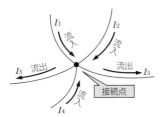

流入する電流の和＝$I_1 + I_2 + I_4$
流出する電流の和＝$I_3 + I_5$

流入する電流を正、流出する電流を負とすると
$I_1 + I_2 - I_3 + I_4 - I_5 = 0$

図2	キルヒホッフの第2法則

● 回路網中の任意の閉回路の起電力の総和は、その回路内の抵抗の電圧降下の総和に等しい。

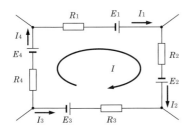

右回りの電流を正と仮定すると
$E_1 + E_2 - E_3 + E_4 = I_1 R_1 + I_2 R_2 - I_3 R_3 + I_4 R_4$

図3	ブリッジ回路

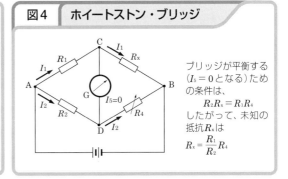

図4	ホイートストン・ブリッジ

ブリッジが平衡する（$I_5 = 0$となる）ための条件は、
$R_2 R_x = R_1 R_4$
したがって、未知の抵抗R_xは
$R_x = \dfrac{R_1}{R_2} R_4$

1. 磁気の基礎的事項

磁石によって発生する磁気力は、電気力と同様にクーロンの法則によって表される。また、図2のように電流によっても磁力が発生し、磁石による磁気力と同じように取り扱うことができる。

2. 磁界 (図3)

磁界は磁気力が働く空間のことで、その強さは磁界内に正の単位磁極(+1Wb)を置いたとき、それに働く力と方向でその点の磁界の強さを表している。ここで、**磁極**とは磁力の最も強い極点をいい、単位に〔Wb〕(ウェーバ)を用いる。

真空中において、大きさ m〔Wb〕の磁極から r〔m〕離れた点の磁界の強さ H〔A/m〕(アンペア毎メートル)は、

$$H = \frac{m}{4\pi r^2 \mu_0} ≒ 6.33 \times 10^4 \times \frac{m}{r^2} \text{〔A/m〕}$$

となる。また、磁界 H〔A/m〕の中に強さ m〔Wb〕の磁極が置いたときに磁極が受ける力 F〔N〕は、次式のようになる。

$$F = mH \text{〔N〕}$$

3. 磁力線と磁束 (図5)

磁力線は、磁石の外部にできる磁界の様子を表すもので、N極から出てS極に入る。磁界中のある点における磁力線の方向は、その点の磁界の方向を示し、磁力線に垂直な単位面積当たりの磁力線の数(磁力線密度)で磁界の強さ H〔A/m〕を表す。

磁極の大きさと同じ数の線が発生するとしたものを**磁束**という。磁束は、磁石の外部では磁力線と同じ経路でN極から出てS極に入るが、磁石の内部ではS極からN極に向かい、磁石の内部と外部を連続し環状になっている。

また、磁束に垂直な単位面積(1㎡)当たりの磁束の数を**磁束密度**といい、量記号に B を使用し、単位には〔T〕(テスラ)を用いる。

4. 透磁率 (図6)

磁界の強さ H〔A/m〕と磁束密度 B〔T〕との間には、一定の物質内では一定の関係があり、次式で表される。

$$B = \mu H \text{〔T〕}$$

ここで、μ はその物質の磁束の通りやすさを表すもので、その物質の**透磁率**といい、単位は〔H/m〕(ヘンリー毎メートル)である。

また、真空の透磁率 μ_0 との比をとったものを**比透磁率**といい、μ_s で表す。

$$\mu_s = \frac{\mu}{\mu_0}$$

真空中における磁界の強さ H と磁束密度 B との関係は、次式で表される。

$$B = \mu_0 H \text{〔T〕}$$

5. 右ねじの法則 (図7)

直線状の導体に電流を流すと、そのまわりに磁界ができる。磁界は、電流に垂直な平面内では電流を中心とする同心円状にできており、ある点の磁界の方向は、その点を通る円周の接線方向である。電流を I〔A〕とすると、電流から r〔m〕の点の磁界の大きさ〔A/m〕は次式のようになる。

$$H = \frac{I}{2\pi r} \text{〔A/m〕}$$

これを**アンペアの法則**という。

また、磁界の方向は、右ねじの進む方向に電流が流れているとすると、ねじの回転方向になる。これを**右ねじの法則**という。

同様に、円形電流の向きと、その電流によって発生する磁界の向きを表すこともできる。電流の

回転方向をねじの回転方向とすると、ねじの進む　向きが磁界の向きを表す。

図1　磁気の基礎的事項

・磁石の磁気作用は両端の磁極に集中する。

・磁極にはN極とS極があり単独の磁極は存在しない。

・磁気力に関するクーロンの法則

　磁極の間に働く力を磁気力という。

　真空中で距離r〔m〕だけ離れている2つの磁極m_1、m_2の間に働く力の大きさF〔N〕は、

$$F = k\frac{m_1 \cdot m_2}{r^2} \quad (k\text{は定数})$$

$$= \frac{1}{4\pi\mu_0} \cdot \frac{m_1 \cdot m_2}{r^2} \fallingdotseq 6.33 \times 10^4 \times \frac{m_1 \cdot m_2}{r^2}$$

（μ_0は真空の透磁率で$4\pi \times 10^{-7}$〔H/m〕）

図2　電流による磁力の発生

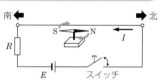

スイッチを入れると電流が流れ、磁針が振れる。

図3　磁界

● 磁気力の働く空間を磁界という。

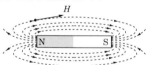

磁界H〔A/m〕の中に強さm〔Wb〕の磁極を置いたとき磁極が受ける力は、

$$F = mH$$

磁界の強さの単位は、磁界中に置かれた1〔Wb〕の磁極に働く力が1〔N〕であるとき、1〔A/m〕とする。

図4　地磁気

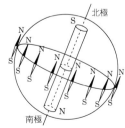

地球も巨大な磁石になっていて、北極側がS極、南極側がN極である。

→異なる極どうしは引き合い、同じ極どうしは反発し合うため、磁針のN極が北をさし、S極が南をさす。

図5　磁力線と磁束

● 磁力線は磁石の外部の様子を示すものでN極から出てS極に入る。

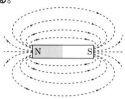

● 磁束は磁石の外部ではN極から出てS極へ入る。磁石の内部ではS極からN極に連続し環状となる。

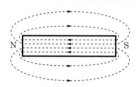

図6　透磁率

● 透磁率は磁束の通りやすさを示すもので媒質により異なる。

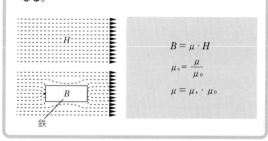

$$B = \mu \cdot H$$

$$\mu_s = \frac{\mu}{\mu_0}$$

$$\mu = \mu_s \cdot \mu_0$$

図7　右ねじの法則

● 右ねじの進む方向に電流が流れているとすると、ねじの回転方向が磁界の向きである。

● 円形電流によって発生する磁界の向きも右ねじの法則で表すことができる。

電流をI〔A〕とすると、電流からr〔m〕離れた点の磁界の強さH〔A/m〕は

$$H = \frac{I}{2\pi r}$$

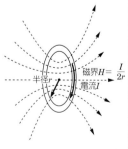

磁界$H = \dfrac{I}{2r}$

円形電流のつくる磁界

3-2 電流と磁界(2)

1. 平行電線のつくる磁界

2本の導線を平行に置いた場合、それぞれの導線の電流の方向が同じ場合には**吸引力**が働き、また、電流の方向が異なる場合には**反発力**が働く。

図1において、2本の導線の間隔をr〔m〕とし、一方の電流I_1〔A〕により生じる磁界のもう一方の電線の位置での強さをH_1〔A/m〕とすれば、

$$H_1 = \frac{I_1}{2\pi r} \text{〔A/m〕}$$

となり、磁束密度B〔T〕は、空気中の透磁率をμ_0とすれば

$$B = \mu_0 H_1 = \frac{\mu_0 I_1}{2\pi r} \fallingdotseq 4\pi \times 10^{-7} \times \frac{I_1}{2\pi r}$$

$$= \frac{2I_1 \times 10^{-7}}{r} \text{〔T〕}$$

である。導線の長さをl〔m〕とすると、2本の導線に働く力F〔N〕は、

$$F = BI_2 l \fallingdotseq \frac{2I_1 \times 10^{-7}}{r} \times I_2 \times l$$

$$= \frac{2I_1 I_2 l}{r} \times 10^{-7} \text{〔N〕}$$

2. 磁気遮蔽

磁気ディスク等の記憶媒体等が外部の磁界の影響を受けることを防ぐために鉄などの磁性体で覆う。これを**磁気遮蔽**という。外部からの磁束は鉄の中を通るため内部への磁界の影響を遮ることができる。(図2)

3. コイルと磁界

表面を絶縁した導線をらせん状に巻いたものを**コイル**という。さらに、このコイルを密接して筒状にしたものを**ソレノイドコイル**という。コイルに電流を流すと、1本の磁石のように両端にN、Sの磁極ができる。

このコイルの中に鉄心などの強磁性体を入れると磁力が増大し、強力な磁石となる。

このような磁石は電流によって磁力が発生することから、**電磁石**という。

4. 起磁力と磁気回路

(a)起磁力

鉄心(強磁性体)にコイルを巻いて、コイルに電流を流すと鉄心の中には磁束が発生する。その大きさはコイルに流す電流とコイルの巻数に比例する。これは電気回路における起電力と同様に**起磁力**という。起磁力をF〔A〕、コイルの巻数をN、電流をI〔A〕とすると、起磁力は次式のように表される。

$$F = N \times I \text{〔A〕}$$

(b)磁気回路

図5のような環状のソレノイドコイルの場合、発生した磁束は、漏れが極めて少なく、ほとんどが鉄心中を通る。この意味で鉄心は磁気の通路(磁路)と考えられ、電気回路と同様に取り扱うことができるので、**磁気回路**という。

磁路の平均の長さl〔m〕の鉄心にN回巻いたコイルにI〔A〕の電流を流すと、NI〔A〕の起磁力によって磁束Φ〔Wb〕が発生し、鉄心中に磁界ができる。その磁界の強さは、磁路の単位長当たりの起電力で表したものであり、この磁界の強さをHとすると、

$$H = \frac{NI}{l} \text{〔A/m〕}$$

となって、その方向は磁束の方向と同じである。

とくに環状コイルでは、磁路の平均の長さは$l = 2\pi r$となり、磁界の強さは次式で表される。

$$H = \frac{NI}{2\pi r} \text{〔A/m〕}$$

図1　平行電線のつくる磁界

電流が同方向　　　　　電流が逆方向

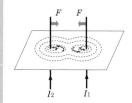 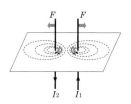

磁力線の方向が逆のため、打ち消し合い吸引力が働く。

磁力線の方向が同一のため、重なり合い反発力が働く。

図2　磁気遮蔽

● 外部磁界の影響を受けないようにするために鉄製の箱や球で覆うことを磁気遮蔽という。

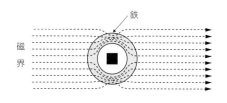

図3　コイルと磁界

● コイルを密接して筒状にしたものをソレノイドコイルという。

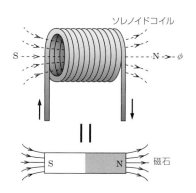 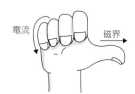

● 電磁石

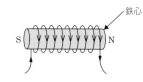

電磁石はコイルの中に鉄心のような強磁性体を入れたものである。

図4　起磁力

● 電磁石に生じる磁束を起磁力といい、コイルの巻数 N と電流 I の積で表される。

 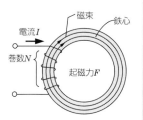

起磁力 $F =$ 巻数 $N ×$ 電流 I 〔A〕

図5　環状コイル

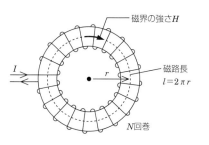

ソレノイドコイルを環状にした環状コイルの場合、半径 r の円周上の磁界 H は等しく、磁路の長さは $l = 2\pi r$ である。この磁路によって囲まれる電流の大きさは NI であるため、

$$H = \frac{NI}{2\pi r} \text{〔A/m〕}$$

3-3 電流と磁界(3)

1. 磁気抵抗

電気回路において、物質の電流の通しにくさを表すのに電気抵抗が用いられるが、磁気回路の場合も同様に、磁束の通しにくさを**磁気抵抗**で表し、量記号にR_m、単位に〔H^{-1}〕（毎ヘンリー）を用いる。図1(左)のようなコイルにおいて、磁路の長さをl〔m〕、鉄心の断面積をS〔㎡〕、鉄心の透磁率をμ〔H/m〕とすると、

$$R_m = \frac{l}{\mu S} \ 〔H^{-1}〕$$

起磁力をNI〔A〕、磁束をΦ〔Wb〕とすれば、

$$NI = R_m \Phi 〔A〕$$

となる。

また、図1(右)のように鉄心の一部に切れ目（エアギャップ）を作ると、鉄心と空気を継ぎ合わせた磁心をもつ環状コイルとみなすことができる。このときの磁気抵抗は、鉄心の断面積がS〔㎡〕で一様であるとすれば、

$$R_m = R_i + R_g = \frac{l_i}{\mu S} + \frac{l_g}{\mu_0 S} 〔H^{-1}〕$$

のように表すことができる。

2. 鉄の磁化と磁化曲線

鉄などの磁性材料を磁化する場合、外部から加える磁界の強さを0からしだいに増加していくと、鉄の内部磁束もしだいに増加していく。外部磁界を増していくにしたがって磁束が増加していくことから、外部磁束の強さを**磁化力**ともいう。このときの外部磁界の強さと磁束密度との関係を示したものが**$B-H$曲線**または**磁化曲線**といわれるものである。

磁束密度をB〔T〕、外部磁界の強さをH〔A/m〕、透磁率をμ〔H/m〕とすれば$B=\mu H$の関係があるが、磁性体では磁界の変化に対して透磁率は一

定でないため、磁束の増加に伴う磁化の様子を表したグラフは図2のように曲線状になる。外部磁束が小さいうちは外部磁束が増加すると透磁率も大きくなるので磁束密度は急激に大きくなるが、ある程度のところまでいくと透磁率は増加しなくなりグラフは直線状になる。そして、さらに外部磁束を大きくすると透磁率は減少するようになって、ついには外部磁束を増加しても磁束密度は増加しなくなり、グラフは水平に近くなる。この現象を**磁気飽和**という。

3. 磁化エネルギー

磁性体が磁化されると、その物質にはエネルギーが蓄えられたことになる。このエネルギーを**磁化エネルギー**という。

磁化された磁性体の体積当たりの磁化エネルギーwは、磁束密度をB〔T〕、磁界の強さをH〔A/m〕、磁性体の透磁率をμ〔H/m〕とすれば、

$$w = \frac{BH}{2} = \frac{\mu H^2}{2} = \frac{B^2}{2\mu} 〔J/m^3〕$$

となる。

4. ヒステリシスループ

強磁性体の磁束密度は、外部磁界を増加させたときと、減少させたときとで、同じ曲線上で変化するわけではない。

磁性体を磁化し、$B-H$曲線の変化をみると、図3のように原点(0)から出発してa点で磁束密度Bの最大値に達する。

ここから磁化力Hをしだいに減らしていくと、0からa点に向かう軌跡をたどらず、a点からb点、c点を経てBが最小値となるd点に達する。そして再びHを増加していくとd点からe点、f点を通り、a点に戻る。

これ以後はHの変化に伴いa→b→c→d→e

→f→aの環状の経路を描く。このような経路を**ヒステリシスループ**という。

ここで、0－bは**残留磁気**の大きさを、また、0－cは**保磁力**を表す。

なお、ヒステリシスループに囲まれた部分の面積はヒステリシス損失として熱になる損失を表している。電気機器の電源変圧器（トランス）などに用いられる磁性体には、できるだけこの面積が小さくなるものを用いるのがよい。

5. ヒステリシス損失

さきに述べたように、磁性体中の磁化力Hの方向を繰り返し周期的に変化させると熱が発生してエネルギーの損失となり、これを**ヒステリシス損失**という。

磁化力の方向を周期的に交互に反転させることを交番磁化といい、そのときの磁界を交番磁界という。磁性体を1秒間にf回の交番磁界に置いたとき、磁性体材料1〔m³〕あたりのヒステリシス損失W_h〔W/m³〕は、最大磁束密度をB_m〔T〕、磁性体により定まる係数をηとすると、

$$W_h = \eta f B_m^{1.6} \text{〔W/m}^3\text{〕}$$

となることがスタインメッツの実験により求められている。

図1　磁気抵抗

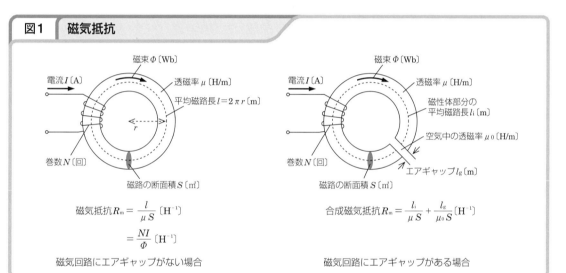

磁気回路にエアギャップがない場合

磁気回路にエアギャップがある場合

図2　鉄の磁化と磁化曲線

● 磁性体を磁化する場合に、磁化力Hと磁性体の磁束密度Bの関係を示すものを磁化曲線（B－H曲線）という。

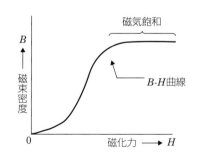

図3　ヒステリシスループ

● 磁性体を磁化する際、その磁性体の磁束密度Bが飽和する点まで（＋）方向および（－）方向に磁化力Hを変化させていくと、座標(H, B)の軌跡は1つのループを描く。この曲線をヒステリシスループという。

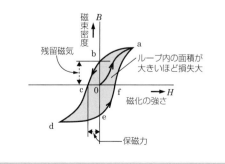

3-4 電磁力と電磁誘導(1)

1. 電磁力とフレミング左手の法則

図1（左）のように、磁石のN極とS極の間の直線導体に電流を流すと、導体は力を受けて移動する。この力を**電磁力**という。電流の向きを逆にすると電磁力が働く方向も逆になる。

磁力線、電流、力の各方向には一定の関係があり、この関係を示したものが**フレミングの左手の法則**である。左手の親指、人さし指、中指を互いに直角になるように開いたとき、人さし指を磁力線の方向に、また、中指を電流の方向に合わせると、親指の向きは力が働く方向と同じになる。

電磁力の大きさF〔N〕は、導体が磁界の向きに対して垂直に置かれた場合は、磁束密度をB〔T〕、導体を流れる電流の大きさをI〔A〕、導体の長さをl〔m〕とすれば、

$$F = BIl 〔N〕$$

となる。また、導体が磁界の向きに対してなす角θ〔rad〕（ラジアン）で置かれた場合は、

$$F = BIl \sin\theta 〔N〕$$

となる。

2. 誘導起電力とフレミング右手の法則

図2（左）のように、磁石のN極とS極の間に直線導体を置いてその両端に検流計を接続し、導体を上下に移動させると、検流計の針が振れて起電力が生じたことがわかる。そして、導体の動きを止めると、電流が流れなくなる。このように、導体が磁束を切っている間だけ導体に起電力が生じる現象を**電磁誘導**といい、その起電力を**誘導起電力**、また、誘導起電力によって流れる電流を**誘導電流**という。

磁力線、誘導起電力、運動の各方向の間の関係は**フレミングの右手の法則**によって示される。右手の親指、人さし指、中指を互いに直角になる

ように開き、人さし指を磁界の方向、親指を運動の方向に向けると、中指の方向は誘導起電力の方向と同じになる。

磁束密度B〔T〕の磁界の中で長さl〔m〕の直線導体を速度v〔m/s〕（メートル毎秒）で動かすとすると、直線導体に生じる誘導起電力e〔V〕は、直線導体を磁界の向きと垂直に動かしたときは、

$$e = Blv 〔V〕$$

となり、また、磁界の向きに対してなす角θ〔rad〕で動かしたときは、

$$e = Blv \sin\theta 〔V〕$$

である。なお、直線導体を磁界の向きと同じ向きに動かしたときは誘導起電力は生じず、$\sin\theta = 0$より$e = 0$〔V〕である。

3. レンツの法則

図3（左）のように、検流計を接続したコイルに永久磁石の磁極を近づけたり遠ざけたりすると、検流計の針が振れてコイルに誘導起電力が生じたことがわかる。これは、永久磁石から出ている磁力線がコイルと鎖交するからである。

図3（右）のように、永久磁石の代わりに電磁石AとスイッチSをコイルBの近傍に置き、スイッチSを開閉すると、電磁石Aの磁束が変化するので、そのつどコイルBには誘導起電力が発生する。コイルBに発生する誘導起電力によって流れる電流は、コイルAによる磁束の変化を妨げる方向に発生する。

これを**レンツの法則**という。

4. ファラデーの電磁誘導の法則

図3（左）において、永久磁石を動かす速さが速いほど、また、スイッチSを切り替える速さを速くするほど、発生する起電力は大きくなる。

いま、コイルAの磁束がスイッチを入れてから

Δt〔s〕(秒) 間に$\Delta\Phi$〔Wb〕変化し、その磁束がコイルBに鎖交したとすると、コイルBに発生する起電力eは、

$$e = n \times \frac{\Delta\Phi}{\Delta t} \text{〔V〕}$$

となる。

ここで、nはコイルBの巻数、$\frac{\Delta\Phi}{\Delta t}$はコイルを貫く磁束の時間当たりの変化の割合である。電磁誘導による誘導起電力は、コイルを貫く磁束が時間当たりに変化する割合に比例するといえる。

これを**ファラデーの電磁誘導の法則**という。

図1　電磁力とフレミング左手の法則

● 電流が磁界から受ける力の方向はフレミング左手の法則で表す。

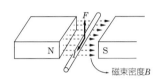 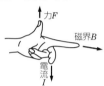 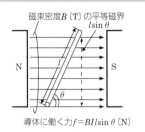

導体に働く力$f = BIl\sin\theta$〔N〕

図2　誘導起電力とフレミング右手の法則

● 磁界中を動く導体に生じる誘導起電力(電流)の方向はフレミング右手の法則で表す。

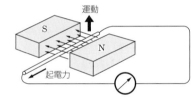 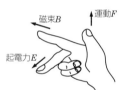 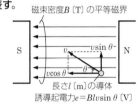

誘導起電力$e = Blv\sin\theta$〔V〕

図3　レンツの法則

● 電磁誘導により回路に誘導される起電力の方向は、コイルに鎖交する磁束の変化を妨げる方向に発生する。

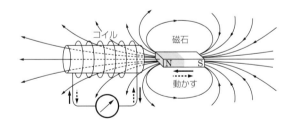 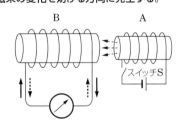

図4　ファラデーの法則

● 誘導起電力の大きさは誘導コイルと鎖交する磁束の変化割合と誘導コイルの巻数の積に比例する。

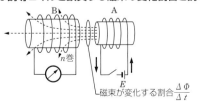

$$e = n \times \frac{\Delta\Phi}{\Delta t} \text{〔V〕}$$

3-5 電磁力と電磁誘導(2)

1. 自己誘導と自己インダクタンス

コイルに電流を流すと磁束が発生する。この磁束はそのコイル自身も貫いているので、電流を変化させると磁束も変化して誘導起電力がそのコイル自身に発生することになる。

このように、回路を流れる電流が変化したとき、自己の回路に誘導起電力を生じる現象を**自己誘導**という。また、自己誘導による誘導起電力の方向はレンツの法則により元の起電力とは逆の方向になるので、**逆起電力**という。

誘導起電力の大きさは、時間当たりに磁束が変化する割合すなわちコイルを流れる電流が変化する割合 $\left(\dfrac{\Delta I}{\Delta t}\right)$ に比例し、さらにコイルの巻数、形状、鉄心の有無、および材質等によって決まる係数 L に比例する。

この L のことを**自己インダクタンス**という。

自己誘導により生じる誘導起電力を e とすると、

$$e = L\frac{\Delta I}{\Delta t}\ (\mathrm{V})$$

となる。

自己インダクタンスの単位には〔H〕(**ヘンリー**)を用いる。1Hとは、回路を流れる電流が毎秒1Aの割合で変化したとき、自己の回路に1Vの誘導起電力を生じるような自己インダクタンスである。自己誘導起電力は回路を流れる電流の変化を妨げる方向に発生するため、一般に(−)符号をつけて表す。

2. 相互誘導と相互インダクタンス

図2のようにA、Bの2つのコイルを接近して置き、コイルAを流れる電流を変化させるとコイルBが誘導されて起電力が発生する。この現象は、コイルAの磁束がコイルBに鎖交することによるもので、**相互誘導**という。この場合にBに生じる誘導起電力の方向は、コイルAの電流の変化を妨げる方向になる。

いま、コイルAを流れる電流が Δt〔s〕間に ΔI〔A〕の変化をすると、その変化割合は $\dfrac{\Delta I}{\Delta t}$ となり、誘導起電力は、

$$e = M\frac{\Delta I}{\Delta t}\ (\mathrm{V})$$

となる。

ここで、係数 M を**相互インダクタンス**といい、コイルの巻数、形状、相互の位置関係などによって決まる。また、その単位は自己インダクタンスと同じ〔H〕(ヘンリー)を用いる。

接近して置かれた2つのコイルの一方に流れる電流が毎秒1Aの割合で変化したとき、他方のコイルに1Vの誘導起電力が発生したとすると、M は1Hである。

相互誘導現象を利用したものにトランス(変成器)がある。電気通信では、インピーダンスの異なる線路間での反射や電話機において送話器から受話器へ回り込む電流(側音)を抑制すること等のために用いられる。トランスでは、同一磁路(鉄心)に誘導コイル(1次コイル)と被誘導コイル(2次コイル)を巻いている。このようにすると、1次コイルの磁束は、ほとんどが通りやすい磁路(鉄心)の中を通って2次コイルに鎖交するので、磁束の漏れは非常に少なくなる。

3. 合成インダクタンス

図3のようにA、Bの2つのコイルがあり、それらの自己インダクタンスをそれぞれ L_A、L_B、両コイル間の相互インダクタンスを M とすると、2つのコイルを直列に接続したときの合成インダクタンスは、

（ⅰ）両コイルで生じる磁束の向きが同じになる
ように接続した場合（和動接続）

$$L = L_A + L_B + 2M \text{〔H〕}$$

（ⅱ）両コイルで生じる磁束の向きが反対になる
ように接続した場合（差動接続）

$$L = L_A + L_B - 2M \text{〔H〕}$$

となる。

4. 電磁結合

図4のように2つのコイルPおよびSがあり、そ

れぞれ自己インダクタンスをL_P、L_Sとし、両コイル
間の相互インダクタンスをMとすると、

$$M = k \sqrt{L_P \cdot L_S} \text{〔H〕}$$

の関係がある。

　kは、一方のコイルに生じた磁束のうちどれくら
いの割合がもう一方のコイルを貫くかを示したも
ので、**結合係数**といい、0と1の間の値をとる。k
の値が1に近いほど磁束の漏れが少ない。また、
どちらのコイルからみても結合係数の値は同じで
ある。

図1	自己誘導と自己インダクタンス

● 回路を流れる電流が変化したとき、自己の回路に誘導
起電力が生じる現象を自己誘導という。

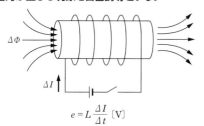

$$e = L \frac{\Delta I}{\Delta t} \text{〔V〕}$$

自己誘導起電力の方向は回路の電流とは逆方向になるので、
一般に逆起電力という。

図2	相互誘導と相互インダクタンス

●2つのコイルの間において、一方のコイルの電流が変化
することによって他方のコイルに起電力を誘導する現
象を相互誘導という。

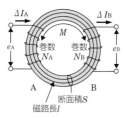

コイルA、Bの相互インダクタンスMは、

$$M = \frac{\mu S N_A N_B}{l} \text{〔H〕}$$

Aコイルを流れる電流がΔt秒間にΔI_Aだけ変化するときBコ
イルに誘導される起電力は

$$e_B = M \frac{\Delta I_A}{\Delta t} \text{〔V〕}$$

同様に、BコイルからAコイルに誘導される場合は、

$$e_A = M \frac{\Delta I_B}{\Delta t} \text{〔V〕}$$

図3	合成インダクタンス

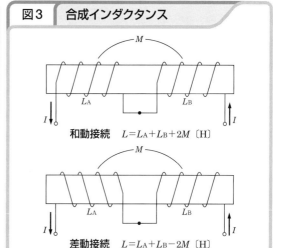

和動接続　　$L = L_A + L_B + 2M$〔H〕

差動接続　　$L = L_A + L_B - 2M$〔H〕

図4	電磁結合

● 複数のコイルがあって、1つのコイルに電流や電圧等の
変化があった場合、他のコイルに電磁誘導等の影響が
現れる状態を電磁結合にあるという。

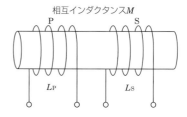

　2つのコイルP、Sの自己インダクタンスをL_PおよびL_Sとし、
2つのコイルの相互インダクタンスをMとすると、

$$M = k \sqrt{L_P \cdot L_S}$$

　ただし、kは2つのコイルの結合係数といわれるもので、電
磁的結合の度合いを示す。$k = 1$のとき最も密な結合状態で、
一般に$0 < k < 1$である。

3-6 電磁力と電磁誘導（3）

1. 電磁エネルギー

　図1のように、自己インダクタンスL〔H〕のコイルにネオン管（100V用）を並列に接続し、これに30Vの電池とスイッチSを接続して、スイッチSを入れると、コイルにI〔A〕の電流が流れてコイルからは磁束が発生するが、ネオン管は点灯しない。次に、スイッチSを切ると一瞬だけネオン管が点灯する。これは、電磁誘導によって起電力が発生したためと考えられる。

　ここで、L〔H〕のコイルに電流I〔A〕が流れたために磁界内に蓄積されたエネルギーW〔J〕は、

$$W = \frac{1}{2}LI^2 \text{〔J〕}$$

で表される。このWを**電磁エネルギー**と呼ぶ。

2. コイルの過渡現象

　図2のような$R-L$直列回路において、スイッチをa側に閉じると、最終的には$I = \dfrac{E}{R}$の電流が回路に流れることになるが、スイッチを入れた直後には、インダクタンスによって電流を妨げる逆起電力が発生するため、電流がIで一定になるまでの間に一定の時間がかかる。

　スイッチをa側に入れてからt〔s〕経過したときの回路を流れる電流I〔A〕は、

$$I = \frac{E}{R}(1 - \varepsilon^{-\frac{R}{L}t}) \text{〔A〕}$$

で表される。$t = 0$のとき$I = 0$となり、$t = \infty$のとき$I = \dfrac{E}{R}$となる。実用的には$\dfrac{R}{L}$の値に対して十分長い時間を無限大と見なすことができる。また、$-\dfrac{R}{L}t = -1$のとき電流の値は最大値の約63.2%となり、このときのtの値を**時定数**という。

　一般に、$R-L$直列回路の時定数τは、次式で表される。

$$\tau = \frac{L}{R} \text{〔s〕}$$

3. 渦電流

　図3のように、金属板に垂直の方向にこれを貫くように磁束Φ〔Wb〕を与え、Φを変化させるとその変化を妨げる方向に起電力が発生し、金属板には**渦電流**が流れる。（図はΦが増加する場合を示す。Φが減少する場合は起電力も逆。）

　金属板の抵抗をR〔Ω〕とすると、

$$i \propto \frac{e}{R}$$

また、$e = \dfrac{\Delta\Phi}{\Delta t}$より、

$$i \propto \frac{\Delta\Phi}{\Delta t} \times \frac{1}{R}$$

　いま、磁束の変化Φの最大値をΦ_mとし、変化の繰り返し回数を毎秒f回とすると、

$$i \propto \frac{f\Phi_m}{R}$$

となる。この渦電流は金属板の抵抗Rの中を流れるのでジュール熱として失われる。これを**渦電流損**とよぶ。ここで、渦電流損をP〔W〕とすると、

$$P = Ri^2 \propto R\left(\frac{f\Phi_m}{R}\right)^2 = \frac{\Phi_m^2 f^2}{R}$$

となる。fは周波数であるから、周波数の2乗（f^2）に比例して渦電流損は増大する。

　交流で用いる電源変圧器などでは、渦電流損を小さくするために、図4のような絶縁された薄いケイ素鋼板を積み重ねた**積層鉄心**を用いる。

● アラゴの円板

　図5のように、円心の軸で回転できるようにした金属製の円板を磁石の両極ではさみ、磁石を

円板の縁に沿って回転させると、円板は磁石と同じ方向に回転する。これは、磁石が動くことにより円板上の各点の磁界が変化することを妨げようとして渦電流が発生し、フレミングの左手の法則による回転力を生じたためである。このような装置を**アラゴの円板**という。

図1　電磁エネルギー

● コイルに蓄えられるエネルギーWは、自己インダクタンスLと電流Iの2乗の積の$\frac{1}{2}$となる。

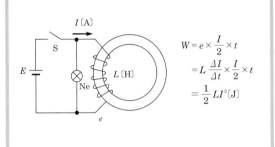

$$W = e \times \frac{I}{2} \times t$$
$$= L \frac{\Delta I}{\Delta t} \times \frac{I}{2} \times t$$
$$= \frac{1}{2} L I^2 \,\text{[J]}$$

図2　コイルの過渡現象

●$R-L$直列回路の時定数

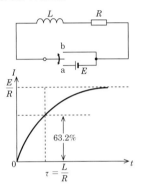

$\tau = \dfrac{L}{R}$

63.2%

図3　渦電流

●金属板（A）に垂直な方向に、これを貫くように磁束ϕを与え、この磁束を変化（増減）させると、その磁束の変化を妨げる方向に起電力が発生し、金属板には渦状の電流が流れる。

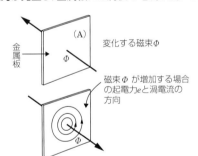

金属板　変化する磁束ϕ

磁束ϕが増加する場合の起電力eと渦電流の方向

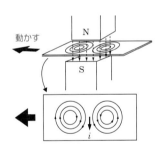

動かす

図4　積層鉄心

● 鉄心の抵抗を大きくするために、絶縁した薄い鉄板を積み重ね、積層鉄心として用い渦電流損を小さくする。

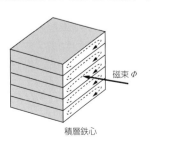

磁束ϕ

積層鉄心

図5　アラゴの円板

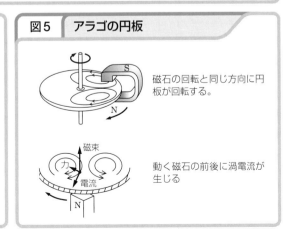

磁石の回転と同じ方向に円板が回転する。

動く磁石の前後に渦電流が生じる

4 交流回路

4-1 交流

1. 直流と交流

(a)直流

　電池の電流や電圧のように、時間に対して一定の方向にかかる電圧や一定の方向に流れる電流を**直流**という。（図1）

　なお、狭義には方向だけでなく大きさも不変のもののみが直流といわれる。この場合、方向は変わらないが時間とともに大きさが変化する電圧や電流を**脈流**とよぶ。

(b)交流

　大きさと方向が時間の経過とともに変化する電圧や電流を**交流**という。（図2）

　交流には、**正弦波交流**と**ひずみ波交流**とがある。一般に、家庭や事業所等に供給される商用電源は、その大きさおよび方向が正弦波状に同一変化を繰り返す正弦波交流である。

2. 正弦波交流

(a)交流起電力の発生

　図3のように永久磁石のN極、S極の間でコイルを回転させると、コイルが磁束を切ることになるので、誘導起電力が発生する。コイルが1回転する間の誘導起電力の変化は、コイルとx軸のなす角をθとすれば$\sin \theta$に比例する。この様子は正弦波形で示される。

(b)周期と周波数

　交流の波形がある値から変化して、完全にもとの状態に戻るまでの変化を**周期**という。また、1秒間当たりの周期の数を**周波数**といい、通常、量記号fで表し、単位は〔Hz〕（ヘルツ）を用いる。

　周期T〔s〕と周波数f〔Hz〕の間には、次の関係が成り立つ。

$$T = \frac{1}{f} \qquad f = \frac{1}{T}$$

(c)角速度

　1周期（360°）を弧度法で表すと、2π〔rad〕（ラジアン）となり、この間に電圧・電流は1サイクルの変化をし、これに要する時間T〔s〕は$T = \frac{1}{f}$となる。したがって、単位時間当たりのθの変化ω〔rad/s〕（ラジアン毎秒）は、次式で表される。

$$\omega = \frac{2\pi}{T} = 2\pi f \text{〔rad/s〕}$$

　このωを交流の**角速度**または**角周波数**という。

3. 各種の交流

　実際に扱う交流は、図4のように正確な正弦波形をしていない場合が多い。交流において、正弦波でない波を**非正弦波**または**ひずみ波**という。

(a)基本波

　ひずみ波は、任意の波形の繰り返しを表したものであり、数学的には周波数の異なるいくつもの正弦波（**周波数成分**）に分解することができる。そのうち、周波数の最も低いものを**基本波**という。

(b)高調波

　ひずみ波を分解してみると、基本波および基本波の2倍、3倍、…、n倍というような周波数を含んだものになる。これらの2〜n倍の周波数成分を**高調波**という。

4. リプル率と整流回路

　リプル率は、**電源整流回路**の直流出力に含まれている変動分の程度を示すもので、一般に、直流出力の電圧の平均値V_{dc}に対する、変動分の実効値V_{ac}との比で表される。（図5）

$$\text{リプル率} = \frac{V_{ac}}{V_{dc}} \times 100 \text{〔％〕}$$

　リプル率を小さくするため、コンデンサやチョークコイル等による**平滑回路**が用いられている。

42

図1　直流

● 電圧や電流の方向が不変。

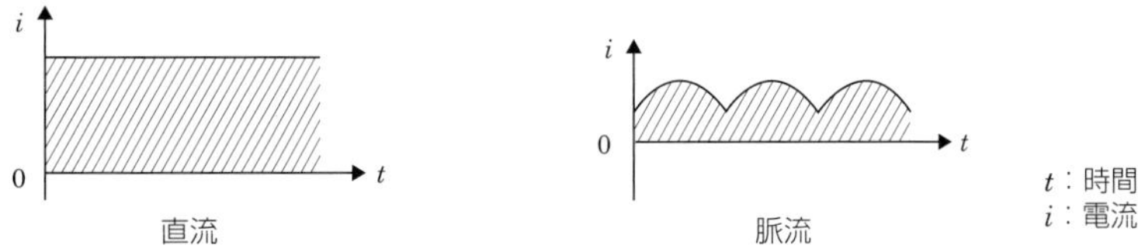

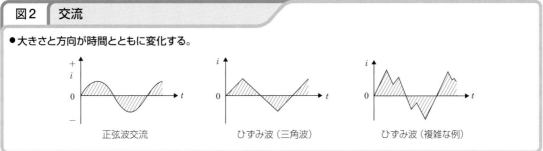

直流　　　　　　　　　　　　　脈流

t：時間
i：電流

図2　交流

● 大きさと方向が時間とともに変化する。

正弦波交流　　　　　ひずみ波（三角波）　　　ひずみ波（複雑な例）

図3　正弦波交流

● 正弦波交流の発生

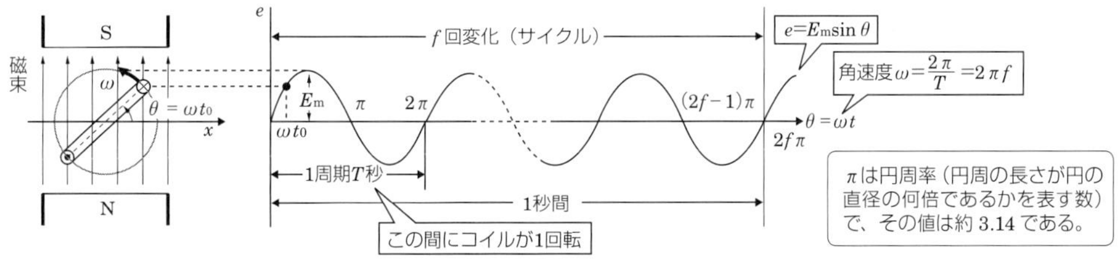

磁束

$e=E_m\sin\theta$

角速度 $\omega=\dfrac{2\pi}{T}=2\pi f$

f 回変化（サイクル）

1周期 T 秒

1秒間

この間にコイルが1回転

π は円周率（円周の長さが円の直径の何倍であるかを表す数）で、その値は約 3.14 である。

磁石の間でコイルを一定速度で回転させると、正弦波形で示される起電力を生じる。

図4　ひずみ波

● 基本波と高調波

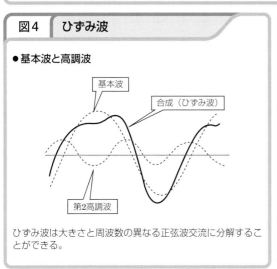

基本波

合成（ひずみ波）

第2高調波

ひずみ波は大きさと周波数の異なる正弦波交流に分解することができる。

図5　リプル率と整流回路

● 全波整流回路

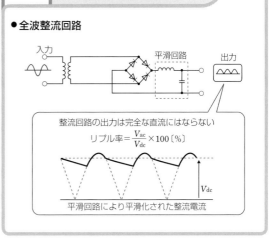

入力　　　　　　平滑回路　　　出力

整流回路の出力は完全な直流にはならない

リプル率 $=\dfrac{V_{ac}}{V_{dc}}\times100$〔%〕

V_{dc}

平滑回路により平滑化された整流電流

4-2 正弦波交流

1. 瞬時値と最大値

　交流は時間の経過とともにその値が変化するが、ある瞬間における値を**瞬時値**といい、通常、i、eなどのように小文字で表す。

　各瞬時t〔s〕における電流の瞬時値i〔A〕および電圧の瞬時値e〔V〕は、角速度をω〔rad/s〕、電流の瞬時値がとる最大の値をI_m〔A〕、電圧の瞬時値がとる最大の値をE_m〔V〕とすると、それぞれ次式のように表すことができる。

$$i = I_m \sin \omega t \,〔A〕$$
$$e = E_m \sin \omega t \,〔V〕$$

　このときのI_m、E_mの値を交流の**最大値**という。

2. 実効値

　交流の1周期にわたって、各瞬時値の2乗を平均したものの平方根をとったものを交流の**実効値**という。これを式で表せば、

$$実効値 = \sqrt{(瞬時値)^2の平均}$$

であり、正弦波交流電流の実効値をI〔A〕、最大値をI_m〔A〕とすれば次の関係式が成り立つ。

$$I = \frac{1}{\sqrt{2}} I_m \fallingdotseq 0.707 I_m 〔A〕$$

　また、正弦波交流電圧の実効値をE〔V〕、最大値をE_m〔V〕とすれば、次のようになる。

$$E = \frac{1}{\sqrt{2}} E_m \fallingdotseq 0.707 E_m 〔V〕$$

　通常、交流の電圧や電流を表す場合には、実効値が用いられる。

3. 平均値

　正弦波交流の値は一定時間ごとに正、負が反対になり、1周期を平均すると、＋と－が相殺され、0になってしまう。そこで、0からπまでの半周期またはπから2πまでの半周期の平均をとって、

これを正弦波交流の**平均値**とする。

　正弦波交流電流i〔A〕の平均値をI_a〔A〕、最大値をI_m〔A〕とすれば、次の関係式が成り立つ。

$$I_a = \frac{2}{\pi} I_m \fallingdotseq \frac{2}{3.14} I_m \fallingdotseq 0.637 I_m 〔A〕$$

　また、正弦波交流電圧e〔V〕の平均値をE_a〔V〕、最大値をE_m〔V〕とすれば、次式が成り立つ。

$$E_a = \frac{2}{\pi} E_m \fallingdotseq 0.637 E_m 〔V〕$$

4. 位相差

(a)位相

　図4（左）のように、周波数の等しい3種類の正弦波交流が、基準のiに対してi_1は進んで（左側に）、また、i_2は遅れて（右側に）変化している場合、それぞれの瞬時値を表す式は次のようになる。

$$i = \sqrt{2}\, I \sin \omega t 〔A〕$$
$$i_1 = \sqrt{2}\, I \sin(\omega t + \theta_1) 〔A〕$$
$$i_2 = \sqrt{2}\, I \sin(\omega t - \theta_2) 〔A〕$$

　θ_1〔rad〕、θ_2〔rad〕を**位相**といい、電気的な角度のずれを表す。

(b)位相の進み

　i_1は基準のiよりθ_1だけ早く増減しているので、位相が進んでいるという。逆に、i_1からiをみればθ_1だけ遅れていることになる。

(c)位相の遅れ

　i_2は基準のiよりθ_2だけ遅く増減しているので、位相が遅れているという。逆に、i_2からiをみればθ_2だけ進んでいることになる。

(d)位相差

　2つの交流の位相のずれを**位相差**θといい、i_1、i_2では、次式のように表す。

$$\theta = (+\theta_1) - (-\theta_2) = \theta_1 + \theta_2 〔rad〕$$

(e)同相

　2つの交流が同時に増減しているとき、時間的

なずれがないので、位相差は0となる。これを**同相**という。

図1　瞬時値と最大値

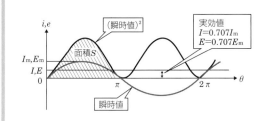

最大値E_m, I_m
（波高値または振幅）

瞬時値の軌跡
$e = E_m\sin\theta$
$i = I_m\sin\theta$

●交流波形のひずみの度合いを見る目安

$$実効値 = 最大値 \times \frac{1}{\sqrt{2}} \qquad 平均値 = 最大値 \times \frac{2}{\pi}$$

$$波高率 = \frac{最大値}{実効値} = \sqrt{2} \fallingdotseq 1.414$$

$$波形率 = \frac{実効値}{平均値} = \frac{\pi}{2\sqrt{2}} \fallingdotseq \frac{3.14}{2.828} \fallingdotseq 1.11$$

$$波形ひずみ率 = \frac{高調波の実効値}{基本波の実効値}$$

図2　実効値

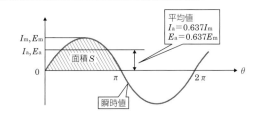

（瞬時値）²

実効値
$I = 0.707I_m$
$E = 0.707E_m$

面積S

瞬時値

交流の実効値は直流と同じ熱効果の働きをする値である。抵抗Rに交流電流iをt秒間流したときの発熱量をWとすると、
$$W = (i^2R の平均) \times t = I^2Rt$$
したがって、
$$交流電流の実効値 I = \sqrt{i^2 の平均} = \sqrt{\frac{S}{\pi}}$$
$$= \sqrt{\frac{\int_0^\pi I_m^2\sin^2\theta\,d\theta}{\pi}} = \sqrt{\frac{\left[\frac{1}{2}\left(\theta - \frac{1}{2}\sin2\theta\right)\right]_0^\pi}{\pi}}\,I_m$$
$$= \frac{1}{\sqrt{2}}I_m \fallingdotseq 0.707I_m$$
$$交流電圧の実効値 E \fallingdotseq 0.707E_m$$

図3　平均値

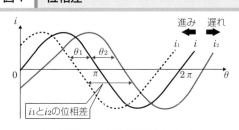

平均値
$I_a = 0.637I_m$
$E_a = 0.637E_m$

面積S

瞬時値

$$交流の平均値 = \frac{S}{\pi}$$
$$I_a = \frac{1}{\pi}\int_0^\pi I_m\sin\theta\,d\theta$$
$$= \frac{[-\cos\theta]_0^\pi}{\pi}\cdot I_m$$
$$= \frac{2}{\pi}\cdot I_m \fallingdotseq 0.637I_m$$
$$E_a = 0.637E_m$$

図4　位相差

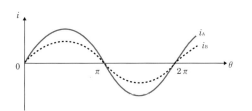

進み　遅れ

i_1とi_2の位相差

i_1はiに対してθ_1だけ位相が進んでいる。
i_2はiに対してθ_2だけ位相が遅れている。
i_1とi_2の位相差$= \theta_1 + \theta_2$

i_Aとi_Bは同相

4-3 インピーダンスとベクトル

1. インピーダンス

　抵抗、コイル（インダクタンス）、コンデンサはいずれも交流電流を妨げる働き（**リアクタンス**という）をもっている。実際の回路では、抵抗、インダクタンス、コンデンサがさまざまな形で組み合わされているが、ある周波数が与えられれば、回路全体の交流電流を妨げる度合いは定まった値となり、直流回路における抵抗と同様に考えることができる。これを**インピーダンス**といい、量記号 $\dot{Z}$ で表し、単位は〔Ω〕（オーム）を用いる。

　交流回路において、電圧 $\dot{E}$〔V〕、電流 $\dot{I}$〔A〕、インピーダンス $\dot{Z}$〔Ω〕の間には次の関係がある。

$$\dot{E}=\dot{I}\dot{Z} \qquad \dot{I}=\frac{\dot{E}}{\dot{Z}} \qquad \dot{Z}=\frac{\dot{E}}{\dot{I}}$$

これを**交流回路のオームの法則**という。（図1）

　インピーダンスは抵抗 R およびリアクタンスの組み合わせであるので、位相を考慮に入れる必要があり、単に値を足し合わせたものとはならない。そこで、位相を表現する方法として、**ベクトル**または**複素数**を用いる。複素数を用いた場合、交流回路の計算でも直流回路の公式をそのまま適用できるという利点がある。

2. ベクトル

(a)ベクトルとスカラ

　電界や速度のように、大きさと方向を合わせてもつような量を**ベクトル**という。ベクトルに対して、物の長さや温度のように大きさだけを持っている量を**スカラ**量という。

　ベクトルの量記号は、$\dot{E}$、$\dot{I}$ のように、英文字の上に“・”（ドット）を付けて表示する。

(b)ベクトル図

　ベクトルは、図2のように矢印で表現される。矢の長さがベクトルの大きさを、矢の向きがベクトル

の方向をそれぞれ表している。

　その方向は基準線の方向（座標軸の右水平方向）を角度0radとし、そこから反時計回りの側を正の**傾角**（位相の進み）、時計回りの側を負の傾角（位相の遅れ）として表す。

(c)ベクトルの和と差

　2つのベクトルの和や差を求めるには、ベクトル図を用いるとよい。

　図3のように2つのベクトルを2辺とする平行四辺形をつくれば、その対角線が2つのベクトルの和である。また、2つのベクトルの差を求める場合は、大きい方のベクトルを対角線とする平行四辺形を考えれば、図4のようにして求められる。

3. 複素数

　a、b が実数のとき、
$$\dot{z}=a+jb \qquad (ただし、j^2=-1)$$
の形をもつ数を**複素数**という。

　また、このときの $j(=\sqrt{-1})$ を**虚数単位**という。数学では虚数単位に i を用いるが、電気計算では電流の瞬時値を表す量記号の i と区別する必要があることから j を用いることにしている。

(a)複素平面とベクトル

　複素数 $\dot{z}=a+jb$ に (a,b) を直交座標にもつ点を対応させると、図5のように複素数と平面上の点とが1対1に対応する。このような平面を**複素平面**という。また、図6のように、原点Oを始点とし、点 (a,b) を終点とするベクトルを考えると、ベクトルと平面上の点とが1対1に対応していることがわかる。したがって、複素数を用いてベクトルを表すことができる。

(b)複素数の和と差

　複素数 $\dot{z}_1=a+jb$ および $\dot{z}_2=c+jd$ の和は、
$$\dot{z}_1+\dot{z}_2=(a+c)+j(b+d)$$
となる。これを図示すると、図7（左）の平行四辺

形の頂点Pとなる。このとき、線分OPの長さは、三平方の定理（ピタゴラスの定理）から

$$\overline{OP} = \sqrt{(a+c)^2 + (b+d)^2}$$

また、$\dot{z}_1$ と $\dot{z}_2$ の差は、

$$\dot{z}_1 - \dot{z}_2 = (a-c) + j(b-d)$$

となり、これを図示すると図7（右）の点Pとなる。

このときの線分OPの長さは

$$\overline{OP} = \sqrt{(a-c)^2 + (b-d)^2}$$

図1　インピーダンス

● 交流回路のオームの法則

$$\dot{Z} = \frac{\dot{E}}{\dot{I}}$$

交流回路においても、電圧と電流との関係を直流回路のオームの法則と同じように表すことができる。このときの抵抗に相当するものをインピーダンスという。

図2　ベクトル図

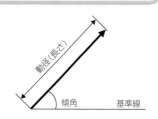

ベクトル量は矢印の長さと向きで表される（方向が同じで長さが1のベクトルを単位ベクトルという）

図3　ベクトルの和

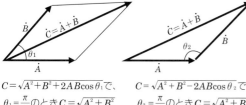

$C = \sqrt{A^2 + B^2 + 2AB\cos\theta_1}$ で、$\theta_1 = \dfrac{\pi}{2}$ のとき $C = \sqrt{A^2 + B^2}$

$C = \sqrt{A^2 + B^2 - 2AB\cos\theta_2}$ で、$\theta_2 = \dfrac{\pi}{2}$ のとき $C = \sqrt{A^2 + B^2}$

平行四辺形法　　　　三角形法

図4　ベクトルの差

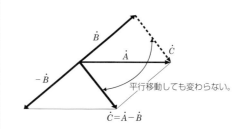

平行移動しても変わらない。

$\dot{C} = \dot{A} - \dot{B}$

図5　複素平面とベクトル

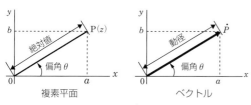

複素平面　　　　ベクトル

複素数 $\dot{z} = a + jb$ にベクトル $\dot{P} = (a, b)$ を対応させる。複素平面上では、点 $P(z)$ とベクトル $\overrightarrow{OP}$ の対応になる。

図6　電気計算への適用のし方

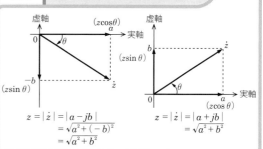

$z = |\dot{z}| = |a - jb|$
$= \sqrt{a^2 + (-b)^2}$
$= \sqrt{a^2 + b^2}$

$z = |\dot{z}| = |a + jb|$
$= \sqrt{a^2 + b^2}$

図7　複素数の和と差

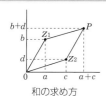 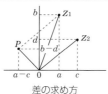

和の求め方　　　　差の求め方

複素数の和、差を求めるには、実数部は実数部どうしで、虚数部は虚数部どうしでそれぞれ加減する。

複素数 $a + jb$ と $c + jd$ の和と差

和　$(a + jb) + (c + jd) = (a + c) + j(b + d)$

差　$(a + jb) - (c + jd) = (a - c) + j(b - d)$

4-4 単素子の交流回路

1. 抵抗のみの回路

R〔Ω〕の抵抗に交流電圧$e = E_m \sin \omega t$〔V〕を加えたとき、流れる電流の瞬時値をi〔A〕とすると、各瞬間においてオームの法則が成り立ち、

$$i = \frac{e}{R} = \frac{E_m}{R} \sin \omega t \text{〔A〕}$$

となる。ここで、交流電流の最大値を$\frac{E_m}{R} = I_m$〔A〕とすれば、

$$i = I_m \sin \omega t \text{〔A〕}$$

となり、このときの電圧の振幅と電流の振幅との関係は、次式で表される。

$$E_m = I_m R \text{〔V〕}$$

抵抗の両端電圧と流れる電流との間には位相差がなく、電圧と電流のベクトルは同じ向きになる。

2. インダクタンスのみの回路

(a)誘導性リアクタンス

インダクタンス(コイル)には、交流電流が流れるのを妨げる働きがある。この働きを**誘導性リアクタンス**といい、量記号X_Lで表し、単位は〔Ω〕である。誘導性リアクタンスは、コイルの自己インダクタンスをL〔H〕、交流の周波数をf〔Hz〕とすれば、次のように表される。

$$X_L = \omega L = 2 \pi f L \text{〔Ω〕}$$

すなわち、誘導性リアクタンスは自己インダクタンスと周波数に比例し、直流($f = 0$〔Hz〕)のときは$X_L = 0$となる。また、誘導性リアクタンスX_L〔Ω〕に実効値E〔V〕の交流電圧を加えたとき、流れる電流の実効値I〔A〕は、次式で求められる。

$$I = \frac{E}{X_L} \text{〔A〕}$$

(b)電圧と電流の位相

コイルに交流電圧$e = E_m \sin \omega t$〔V〕を加えると、

コイルに流れる電流によって磁束を生ずる。この磁束は電流と同相の正弦波で変化し、この磁束によって誘起される起電力は、電流より$\frac{\pi}{2}$〔rad〕($= 90°$)遅れて同じように変化する。また、加えた電圧と誘導される起電力は常に大きさが等しく、方向は逆である。したがって、加えた電圧eに対して流れる電流iは$\frac{\pi}{2}$〔rad〕だけ位相が遅れ、次式のように表される。

$$i = \frac{E_m}{\omega L} \sin \left(\omega t - \frac{\pi}{2} \right) \text{〔A〕}$$

3. コンデンサのみの回路

(a)容量性リアクタンス

コンデンサにも電流を妨げる働きがある。この働きを**容量性リアクタンス**といい、量記号X_Cで表し、単位は〔Ω〕を用いる。容量性リアクタンスは、コンデンサの静電容量をC〔F〕、交流の周波数をf〔Hz〕とすれば、次式のように表される。

$$X_C = \frac{1}{\omega C} = \frac{1}{2 \pi f C} \text{〔Ω〕}$$

すなわち、容量性リアクタンスは静電容量と周波数に反比例する。したがって、fが限りなく0に近くなると、X_Cは限りなく大きくなり、電流が流れなくなる。

容量性リアクタンスX_C〔Ω〕に実効値E〔V〕の交流電圧を加えたとき、流れる電流の実効値I〔A〕は、次式で求められる。

$$I = \frac{E}{X_C} \text{〔A〕}$$

(b)電圧と電流の位相

電流I〔A〕は、加えられた電圧E〔V〕を基準とすれば、$\frac{\pi}{2}$〔rad〕だけ位相が進んでいる。

　このときの電流を式で表すと、次式のようになる。

$$i = E_m \omega C \sin\left(\omega t + \frac{\pi}{2}\right) \text{〔A〕}$$

図1　抵抗のみの回路

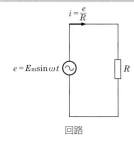
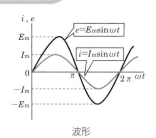

回路	波形	ベクトル

抵抗のみの交流回路では、直流回路の場合と同様に、各瞬時値に対してオームの法則が成り立ち、回路を流れる電流の位相は、電源電圧と同相である。

図2　インダクタンスのみの回路

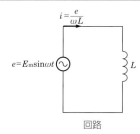
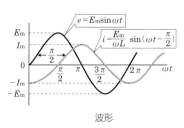

回路	波形	ベクトル

コイルに角周波数 ω〔rad/s〕の正弦波交流電圧を加えたとき、電圧の実効値 E〔V〕、電流の実効値 I〔A〕、コイルのインダクタンス L〔H〕の関係は、

$$E = \omega L I = X_L I \text{〔V〕} \qquad (X_L を誘導性リアクタンスという)$$

で表すことができる。このとき、コイルに流れる電流は加えられた電圧よりも位相が $\frac{\pi}{2}$〔rad〕（＝90°）遅れる。

図3　コンデンサのみの回路

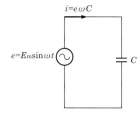
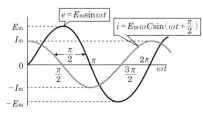
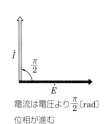

回路	波形	ベクトル

コンデンサに角周波数 ω〔rad/s〕の正弦波交流電圧を加えたとき、電圧の実効値 E〔V〕、電流の実効値 I〔A〕、コンデンサの静電容量 C〔F〕の関係は、

$$E = \frac{1}{\omega C} = X_C I \text{〔V〕} \qquad (X_C を容量性リアクタンスという)$$

で表すことができる。このとき、コンデンサに流れる電流は加えられた電圧よりも位相が $\frac{\pi}{2}$〔rad〕（＝90°）進む。

4-5 R-L-C直列回路

1. RL直列回路

図1（左）のように、抵抗 R とインダクタンス L の直列回路に周波数 f、実効値 E の正弦波交流電圧 $\dot{V}$ を加えたとき回路に流れる電流を $\dot{I}$ とする。この場合、R および L の両端の電圧をそれぞれ $\dot{V}_\mathrm{R}$、$\dot{V}_\mathrm{L}$ とすれば、その大きさは次式で表される。

$$V_\mathrm{R} = RI\,[\mathrm{V}]$$

$$V_\mathrm{L} = X_\mathrm{L}I = 2\pi f L I\,[\mathrm{V}]$$

このとき、$\dot{V}_\mathrm{R}$ の位相は $\dot{I}$ と同相となり、$\dot{V}_\mathrm{L}$ の位相は $\dot{I}$ より $\pi/2\,[\mathrm{rad}]$ 進む。$\dot{V}$ と $\dot{V}_\mathrm{R}$ および $\dot{V}_\mathrm{L}$ の関係は次のように表される。

$$\dot{V} = \dot{V}_\mathrm{R} + \dot{V}_\mathrm{L}$$

$$\therefore\quad E = |\dot{V}| = \sqrt{V_\mathrm{R}{}^2 + V_\mathrm{L}{}^2}$$

$$= \sqrt{R^2 I^2 + X_\mathrm{L}{}^2 I^2}\,[\mathrm{V}]$$

これと $E = ZI$ より、

$$Z^2 I^2 = R^2 I^2 + X_\mathrm{L}{}^2 I^2 \qquad \therefore\quad Z^2 = R^2 + X_\mathrm{L}{}^2$$

よって、回路の合成インピーダンスは

$$\boldsymbol{Z} = \sqrt{\boldsymbol{R^2 + X_\mathrm{L}{}^2}}\,[\Omega] \qquad (\dot{Z} = R + jX_\mathrm{L})$$

位相角は

$$\theta = \cos^{-1}\frac{P}{EI} = \cos^{-1}\frac{RI^2}{\sqrt{R^2 I^2 + X_\mathrm{L}{}^2 I^2}\,I}$$

$$= \cos^{-1}\frac{RI^2}{\sqrt{R^2 + X_\mathrm{L}{}^2}\,I^2} = \cos^{-1}\frac{R}{\sqrt{R^2 + X_\mathrm{L}{}^2}}$$

2. RC直列回路

図2（左）のように、抵抗 R とコンデンサ C の直列回路に周波数 f、実効値 E の正弦波交流電圧 $\dot{V}$ を加えたとき回路に流れる電流を $\dot{I}$ とする。この場合、R および C の両端の電圧をそれぞれ $\dot{V}_\mathrm{R}$、$\dot{V}_\mathrm{C}$ とすれば、その大きさは次式で表される。

$$V_\mathrm{R} = RI\,[\mathrm{V}]$$

$$V_\mathrm{C} = X_\mathrm{C}I = \frac{I}{2\pi f C}\,[\mathrm{V}]$$

このとき、$\dot{V}_\mathrm{R}$ の位相は $\dot{I}$ と同相となり、$\dot{V}_\mathrm{C}$ の位

相は $\dot{I}$ より $\pi/2\,[\mathrm{rad}]$ 遅れる。$\dot{V}$ と $\dot{V}_\mathrm{R}$ および $\dot{V}_\mathrm{C}$ の関係は次のように表される。

$$\dot{V} = \dot{V}_\mathrm{R} + \dot{V}_\mathrm{C}$$

$$\therefore\quad E = |\dot{V}| = \sqrt{V_\mathrm{R}{}^2 + V_\mathrm{C}{}^2}$$

$$= \sqrt{R^2 I^2 + X_\mathrm{C}{}^2 I^2}\,[\mathrm{V}]$$

これと $E = ZI$ より、

$$Z^2 I^2 = R^2 I^2 + X_\mathrm{C}{}^2 I^2$$

$$\therefore\quad Z^2 = R^2 + X_\mathrm{C}{}^2$$

よって、回路の合成インピーダンスは

$$\boldsymbol{Z} = \sqrt{\boldsymbol{R^2 + X_\mathrm{C}{}^2}}\,[\Omega] \qquad (\dot{Z} = R + jX_\mathrm{C})$$

位相角は

$$\theta = \cos^{-1}\frac{P}{EI} = \cos^{-1}\frac{R}{\sqrt{R^2 + X_\mathrm{C}{}^2}}$$

3. RLC直列回路

図3（左）のように、抵抗 R とインダクタンス L およびコンデンサ C の直列回路に周波数 f、実効値 E の正弦波交流電圧 $\dot{V}$ を加えたとき、回路に流れる電流を $\dot{I}$ とすると、$\dot{V}_\mathrm{R}$ の位相は $\dot{I}$ と同相となる。

また、$\dot{V}_\mathrm{L}$ の位相は $\dot{I}$ より $\pi/2\,[\mathrm{rad}]$ 進み、$\dot{V}_\mathrm{C}$ の位相は $\dot{I}$ より $\pi/2\,[\mathrm{rad}]$ 遅れるので、$\dot{V}_\mathrm{L}$ と $\dot{V}_\mathrm{C}$ は逆相となり、互いに打ち消し合う。したがって、L と C の両端の電圧を $\dot{V}_\mathrm{X}$ とすると、その大きさは次式のように、V_L と V_C との差で表される。

$$V_\mathrm{X} = |\dot{V}_\mathrm{L} + \dot{V}_\mathrm{C}| = V_\mathrm{L} - V_\mathrm{C}\,[\mathrm{V}]$$

$\dot{V}$ と $\dot{V}_\mathrm{R}$ および $\dot{V}_\mathrm{X}$ の関係を表すと、

$$\dot{V} = \dot{V}_\mathrm{R} + \dot{V}_\mathrm{X}$$

$$\therefore\quad E = |\dot{V}| = \sqrt{V_\mathrm{R}{}^2 + V_\mathrm{X}{}^2}$$

$$= \sqrt{R^2 I^2 + (X_\mathrm{L} - X_\mathrm{C})^2 I^2}\,[\mathrm{V}]$$

これと $E = ZI$ より、

$$Z^2 I^2 = R^2 I^2 + (X_\mathrm{L} - X_\mathrm{C})^2 I^2$$

$$\therefore\quad Z^2 = R^2 + (X_\mathrm{L} - X_\mathrm{C})^2$$

よって、回路の合成インピーダンスは、

$$\boldsymbol{Z} = \sqrt{\boldsymbol{R^2 + (X_\mathrm{L} - X_\mathrm{C})^2}}\,[\Omega]$$

$$(\dot{Z} = R + j(X_\mathrm{L} - X_\mathrm{C}))$$

位相角は

$$\theta = \cos^{-1}\frac{P}{EI} = \cos^{-1}\frac{R}{\sqrt{R^2 + (X_{\mathrm{L}} - X_{\mathrm{C}})^2}}$$

図1　RL直列回路

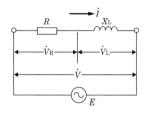 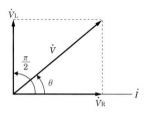 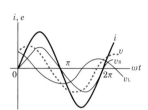

$V = ZI$、$V_{\mathrm{R}} = RI$、$V_{\mathrm{L}} = X_{\mathrm{L}}I$

$$Z = \sqrt{R^2 + X_{\mathrm{L}}^2} \qquad \theta = \cos^{-1}\frac{R}{\sqrt{R^2 + X_{\mathrm{L}}^2}}$$

・$\dot{V}_{\mathrm{R}}$は$\dot{I}$と同相。
・$\dot{V}_{\mathrm{L}}$は$\dot{I}$より$\frac{\pi}{2}$〔rad〕位相が進む。

図2　RC直列回路

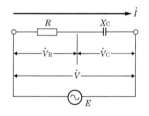 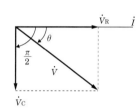 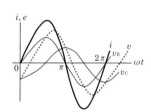

$V = ZI$、$V_{\mathrm{R}} = RI$、$V_{\mathrm{C}} = X_{\mathrm{C}}I$

$$Z = \sqrt{R^2 + X_{\mathrm{C}}^2} \qquad \theta = \cos^{-1}\frac{R}{\sqrt{R^2 + X_{\mathrm{C}}^2}}$$

・$\dot{V}_{\mathrm{R}}$は$\dot{I}$と同相。
・$\dot{V}_{\mathrm{C}}$は$\dot{I}$より$\frac{\pi}{2}$〔rad〕位相が遅れる。

図3　RLC直列回路

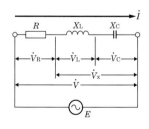 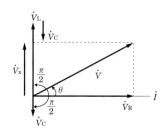 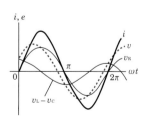

$V = ZI$、$V_{\mathrm{R}} = RI$、$V_{\mathrm{L}} = X_{\mathrm{L}}I$
$V_{\mathrm{C}} = X_{\mathrm{C}}I$

$$Z = \sqrt{R^2 + (X_{\mathrm{L}} - X_{\mathrm{C}})^2} \qquad \theta = \cos^{-1}\frac{R}{\sqrt{R^2 + (X_{\mathrm{L}} - X_{\mathrm{C}})^2}}$$

・$\dot{V}_{\mathrm{R}}$は$\dot{I}$と同相。
・$\dot{V}_{\mathrm{L}}$と$\dot{V}_{\mathrm{C}}$は逆相となり、互いに打ち消し合う。

4-6 R−L−C並列回路

1. RL並列回路

図1(左)のように、抵抗RとインダクタンスLの並列回路に周波数f、実効値Eの正弦波交流電圧$\dot{V}$を加えたとき、回路に流れる電流を$\dot{I}$とする。この場合、RおよびLを流れる電流をそれぞれ$\dot{I}_R$、$\dot{I}_L$とすれば、その大きさは次式で表される。

$$I_R = \frac{E}{R}\,〔A〕 \qquad I_L = \frac{E}{X_L}\,〔A〕$$

このとき、$\dot{I}_R$の位相は$\dot{V}$と同相となり、$\dot{I}_L$の位相は$\dot{V}$より$\pi/2$〔rad〕遅れる。$\dot{I}$と$\dot{I}_R$および$\dot{I}_L$の関係は次のように表される。

$$\dot{I} = \dot{I}_R + \dot{I}_L$$
$$\therefore \quad I = |\dot{I}| = \sqrt{I_R{}^2 + I_L{}^2}$$
$$= \sqrt{\left(\frac{E}{R}\right)^2 + \left(\frac{E}{X_L}\right)^2}$$
$$= \sqrt{\left(\frac{1}{R}\right)^2 + \left(\frac{1}{X_L}\right)^2} \cdot E\,〔A〕$$

よって、回路の合成インピーダンスは、

$$Z = \frac{E}{I} = \frac{1}{\sqrt{\left(\frac{1}{R}\right)^2 + \left(\frac{1}{X_L}\right)^2}}\,〔\Omega〕$$

位相角は

$$\theta = \cos^{-1}\frac{P}{EI} = \cos^{-1}\frac{RI_R{}^2}{RI_R \cdot I} = \cos^{-1}\frac{I_R}{I}$$

$$= \cos^{-1}\frac{\dfrac{E}{R}}{\sqrt{\left(\dfrac{E}{R}\right)^2 + \left(\dfrac{E}{X_L}\right)^2}} = \cos^{-1}\frac{X_L}{\sqrt{R^2 + X_L{}^2}}$$

2. RC並列回路

図2(左)のように、抵抗RとコンデンサCの並列回路に周波数f、実効値Eの正弦波交流電圧$\dot{V}$を加えたとき、回路に流れる電流を$\dot{I}$とする。この場合、RおよびCを流れる電流をそれぞれ$\dot{I}_R$、$\dot{I}_C$

とすれば、その大きさは次式で表される。

$$I_R = \frac{E}{R}\,〔A〕 \qquad I_C = \frac{E}{X_C}\,〔A〕$$

このとき、$\dot{I}_R$の位相は$\dot{V}$と同相となり、$\dot{I}_C$の位相は$\dot{V}$より$\pi/2$〔rad〕進む。$\dot{I}$と$\dot{I}_R$および$\dot{I}_C$の関係は次のように表される。

$$\dot{I} = \dot{I}_R + \dot{I}_C$$
$$\therefore \quad I = |\dot{I}| = \sqrt{I_R{}^2 + I_C{}^2}$$
$$= \sqrt{\left(\frac{E}{R}\right)^2 + \left(\frac{E}{X_C}\right)^2}\,〔A〕$$

よって、回路の合成インピーダンスZおよび位相角θは、

$$Z = \frac{E}{I} = \frac{1}{\sqrt{\left(\frac{1}{R}\right)^2 + \left(\frac{1}{X_C}\right)^2}}\,〔\Omega〕$$

$$\theta = \cos^{-1}\frac{I_R}{I} = \cos^{-1}\frac{X_C}{\sqrt{R^2 + X_C{}^2}}$$

3. RLC並列回路

図3(左)のように、抵抗RとインダクタンスLとコンデンサCの並列回路に周波数f、実効値Eの正弦波交流電圧$\dot{V}$を加えたとき、回路に流れる電流を$\dot{I}$とする。この場合、R、LおよびCを流れる電流をそれぞれ$\dot{I}_R$、$\dot{I}_L$および$\dot{I}_C$とすれば、その大きさは次式で表される。

$$I_R = \frac{E}{R} \qquad I_L = \frac{E}{X_L} \qquad I_C = \frac{E}{X_C}$$

このとき、$\dot{I}_C$の位相は$\dot{V}$より$\pi/2$〔rad〕進み、$\dot{I}_L$の位相は$\dot{V}$より$\pi/2$〔rad〕遅れるので、$\dot{I}_C$と$\dot{I}_L$は逆相となり、互いに打ち消し合う。したがって、LとCを流れる電流の合計を$\dot{I}_X$とすると、その大きさは次のように、I_CとI_Lの差で表される。

$$I_X = |\dot{I}_L + \dot{I}_C| = I_L - I_C\,〔A〕$$
$\dot{I}$と$\dot{I}_R$および$\dot{I}_X$の関係を表すと、
$$\dot{I} = \dot{I}_R + \dot{I}_X$$

$$\therefore \quad I = |\dot{I}| = \sqrt{I_R{}^2 + (I_L - I_C)^2}$$

$$= \sqrt{\left(\frac{E}{R}\right)^2 + \left(\frac{E}{X_L} - \frac{E}{X_C}\right)^2}$$

$$= \sqrt{\left(\frac{1}{R}\right)^2 + \left(\frac{1}{X_L} - \frac{1}{X_C}\right)^2} \cdot E \ [\text{A}]$$

よって、回路の合成インピーダンスZおよび位相角θは

$$Z = \frac{1}{\sqrt{\left(\frac{1}{R}\right)^2 + \left(\frac{1}{X_L} - \frac{1}{X_C}\right)^2}} \ [\Omega]$$

$$\theta = \cos^{-1}\frac{I_R}{I}$$

$$= \cos^{-1}\frac{X_L X_C}{\sqrt{X_L{}^2 X_C{}^2 + (X_L - X_C)^2 R^2}}$$

図1　RL並列回路

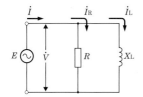 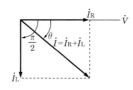 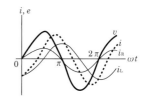

$I = \dfrac{V}{Z}$, $I_R = \dfrac{V}{R}$, $I_L = \dfrac{V}{X_L}$

$$Z = \frac{1}{\sqrt{\left(\frac{1}{R}\right)^2 + \left(\frac{1}{X_L}\right)^2}}$$

$$\theta = \cos^{-1}\frac{X_L}{\sqrt{R^2 + X_L{}^2}}$$

・$\dot{I}_R$は$\dot{V}$と同相。

・$\dot{I}_L$は$\dot{V}$より$\dfrac{\pi}{2}$〔rad〕位相が遅れる。

図2　RC並列回路

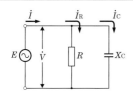 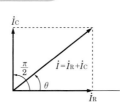 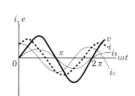

$I = \dfrac{V}{Z}$, $I_R = \dfrac{V}{R}$, $I_C = \dfrac{V}{X_C}$

$$Z = \frac{1}{\sqrt{\left(\frac{1}{R}\right)^2 + \left(\frac{1}{X_C}\right)^2}}$$

$$\theta = \cos^{-1}\frac{X_C}{\sqrt{R^2 + X_C{}^2}}$$

・$\dot{I}_R$は$\dot{V}$と同相。

・$\dot{I}_C$は$\dot{V}$より$\dfrac{\pi}{2}$〔rad〕位相が進む。

図3　RLC並列回路

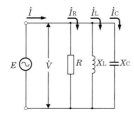 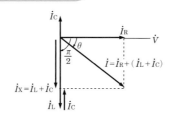 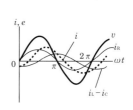

$I = \dfrac{V}{Z}$, $I_R = \dfrac{V}{R}$, $I_L = \dfrac{V}{X_L}$

$I_C = \dfrac{V}{X_C}$

$$Z = \frac{1}{\sqrt{\left(\frac{1}{R}\right)^2 + \left(\frac{1}{X_L} - \frac{1}{X_C}\right)^2}}$$

$$\theta = \cos^{-1}\frac{X_L X_C}{\sqrt{X_L{}^2 X_C{}^2 + (X_L - X_C)^2 R^2}}$$

・$\dot{I}_R$は$\dot{V}$と同相。

・$\dot{I}_L$と$\dot{I}_C$は逆相となり、互いに打ち消し合う。

4-7 共振回路と交流ブリッジ

1. 直列共振回路

図1(左)のように、抵抗RとインダクタンスLおよびコンデンサCを直列に接続した回路の合成インピーダンスZは、電源の角周波数をω($=2\pi f$)とすると、次式で表される。

$$Z = \sqrt{R^2 + (X_L - X_C)^2}$$
$$= \sqrt{R^2 + \left(\omega L - \frac{1}{\omega C}\right)^2} \ [\Omega]$$

ここで、ωを変えたときのZの大きさは図1(中)に示すようなカーブを描く。これを直列回路の**共振曲線**という。

上式において回路が共振する条件は、

$$\omega_0 L = \frac{1}{\omega_0 C}$$

である。このときの電源周波数を**共振周波数**といい、f_0とすると、$\omega_0 = 2\pi f_0$より、

$$2\pi f_0 L = \frac{1}{2\pi f_0 C}$$

$$\therefore \quad \boldsymbol{f_0 = \frac{1}{2\pi\sqrt{LC}}} \ [\mathrm{Hz}]$$

となる。

このときの合成インピーダンスをZ_0とすると
$$Z_0 = \sqrt{R^2 + 0} = R \ [\Omega]$$
となり、**最小**となる。

また、回路を流れる電流$\dot{I}$と大きさEの入力電圧$\dot{V}$との位相差をθとすれば、図1(右)より、

$$\tan\theta = \frac{X_L - X_C}{R}$$

$$\theta = \tan^{-1}\frac{|X_L - X_C|}{R} \ [\mathrm{rad}]$$

となり、$X_L - X_C = 0$であるから、$\dot{I}$と$\dot{V}$とは同相となる(図2)。

なお、$X_L > X_C$の場合、回路は**誘導性**であるといい、$\dot{I}$は$\dot{V}$よりもθだけ位相が遅れる(図3)。

さらに、$X_L < X_C$の場合は回路は**容量性**であるといい、$\dot{I}$は$\dot{V}$よりもθだけ位相が進む(図4)。

2. 並列共振回路

図5(左)のように、抵抗RとインダクタンスLおよびコンデンサCを並列に接続した回路の合成インピーダンスZは次式で表される。

$$Z = \frac{1}{\sqrt{\left(\frac{1}{R}\right)^2 + \left(\frac{1}{X_C} - \frac{1}{X_L}\right)^2}}$$

$$= \frac{1}{\sqrt{\left(\frac{1}{R}\right)^2 + \left(\omega C - \frac{1}{\omega L}\right)^2}} \ [\Omega]$$

ここで、角周波数ωを変えたときのZの共振曲線は図5(右)に示すようになる。

上式において回路が共振する条件は

$$\omega_0 C = \frac{1}{\omega_0 L}$$

である。$\omega_0 = 2\pi f_0$より、共振周波数f_0は、

$$2\pi f_0 C = \frac{1}{2\pi f_0 L}$$

$$\therefore \quad \boldsymbol{f_0 = \frac{1}{2\pi\sqrt{LC}}} \ [\mathrm{Hz}]$$

このときの合成インピーダンスZ_0は

$$Z_0 = \frac{1}{\sqrt{\frac{1}{R^2} + 0}} = R$$

となり、**最大**となる。

3. 交流ブリッジ

図6に示すような**交流ブリッジ**において、検流計Dに流れる電流が0となるとき、ブリッジが**平衡**したという。ブリッジの平衡条件は、次の比例式で与えられる。

$$\dot{Z_1} : \dot{Z_2} = \dot{Z_3} : \dot{Z_4}$$

抵抗とリアクタンスを含む回路では、抵抗とリアクタンスとに流れる電流に位相差があるため、それぞれ別々に平衡することが必要となる。したがって、次に示す比例式が平衡条件式となる。

$$R_1 : R_2 = R_3 : R_x = L_1 : L_x$$

図1　直列共振回路

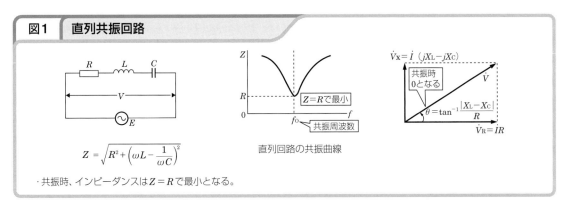

$$Z = \sqrt{R^2 + \left(\omega L - \frac{1}{\omega C}\right)^2}$$

直列回路の共振曲線

・共振時、インピーダンスは $Z = R$ で最小となる。

図2　共振

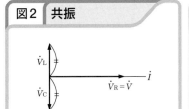

・$X_L = X_C$ のとき、$\dot{V}_L = -\dot{V}_C$ となり、$\dot{I}$ と $\dot{V}$ は同相。

図3　誘導性

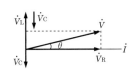

・$X_L > X_C$ のとき、$|\dot{V}_L| > |\dot{V}_C|$ となり、$\dot{I}$ は $\dot{V}$ よりも位相が θ 遅れる。

図4　容量性

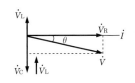

・$X_L < X_C$ のとき、$|\dot{V}_L| < |\dot{V}_C|$ となり、$\dot{I}$ は $\dot{V}$ よりも位相が θ 進む。

図5　並列共振回路

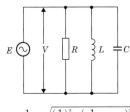

容量性 ◀━━▶ 誘導性

$$\frac{1}{Z} = \sqrt{\left(\frac{1}{R}\right)^2 + \left(\frac{1}{\omega L} - \omega C\right)^2}$$

並列回路の共振曲線

・共振時、インピーダンスは $Z = R$ で最大となる。

共振

回路に、ある周波数の交流電流が流れたとき、誘導性リアクタンスと容量性リアクタンスが互いに打ち消し合ってインピーダンスのリアクタンス成分が0になる現象。

このときの周波数を共振周波数という。

$$\left(\text{共振周波数} f_0 = \frac{1}{2\pi\sqrt{LC}}\right)$$

図6　交流ブリッジ

● 交流ブリッジ回路の例

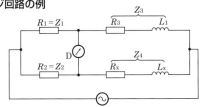

R_1、R_2、R_3、L_1 が与えられているときの R_x、L_x を求める。

ブリッジの平衡条件から

$$\dot{Z}_1 \times \dot{Z}_4 = \dot{Z}_2 \times \dot{Z}_3$$

よって、

$$R_1(R_x + j\omega L_x) = R_2(R_3 + j\omega L_1)$$

実数部どうし、虚数部どうしがそれぞれ等しくなる条件は、

$$R_x = \frac{R_2}{R_1} \cdot R_3, \quad L_x = \frac{R_2}{R_1} \cdot L_1$$

4-8 交流電力

1. 交流回路の電力

(a)有効電力

交流においては、電流・電圧がともに刻々と変化していくので、その積(電流×電圧)として与えられる電力も刻々と変化していく。この電力を**瞬時電力**といい、量記号pで表す。瞬時電力は、電流の瞬時値iと電圧の瞬時値eの積で与えられる。

$$p = ei \text{〔W〕}$$

図2の$R-L$直列回路について考えると、インダクタンスLがあるために、電流の位相が電圧の位相よりも遅れる。したがって、e、i、pは次式で示される。

$$e = \sqrt{2}\,E\sin\omega t \text{〔V〕}$$
$$i = \sqrt{2}\,I\sin(\omega t - \theta) \text{〔A〕}$$
$$p = ei = \sqrt{2}\,E\sin\omega t \times \sqrt{2}\,I\sin(\omega t - \theta)$$
$$= 2EI\sin\omega t \cdot \sin(\omega t - \theta)$$
$$= EI\cos\theta - EI\cos(2\omega t - \theta) \text{〔W〕}$$

ここで、$EI\cos\theta$は、時間に関係なく一定値である。瞬時電力pは、$EI\cos\theta$を中心にして、上下に振幅EIで振れる正弦波となる。したがって、平均電力Pは、次のように表される。

$$P = EI\cos\theta \text{〔W〕}$$

このPで表される電力を**有効電力**といい、実際に負荷で仕事をしたエネルギー量である。

(b)無効電力

図2のベクトル図において、電流$\dot{I}$を電圧$\dot{E}$と同相の成分$I\cos\theta$と、電圧$\dot{E}$と$\dfrac{\pi}{2}$〔rad〕位相の異なる成分$I\sin\theta$に分けると、図4のようになる。ここで、$I\cos\theta$とEとの積$EI\cos\theta$は有効電力である。

また、$I\sin\theta$とEとの積$EI\sin\theta$は、$\dot{I}$と$\dot{E}$との間に$\dfrac{\pi}{2}$〔rad〕の位相差があるため、電力の変化をグラフに描くと、図3のように電力は有効電力を中心に正負を繰り返し、このときの平均電力を求めると0Wとなる。これは、負荷から電源に戻るエネルギーであり、**無効電力**とよばれる。量記号P_qで表し、単位は〔var〕(バール)を用いる。

$$\text{無効電力} \quad P_q = EI\sin\theta \text{〔var〕}$$

(c)皮相電力と力率

交流の電力は、電圧の実効値と電流の実効値だけでは決まらず、電圧と電流の位相差が問題となる。有効電力Pの式の$\cos\theta$は、電圧と電流の積のうちで電力として消費される割合を示している。これを**力率**といい、電圧と電流の位相差θを**力率角**という。

$$\text{力率} \quad \cos\theta = \frac{P}{EI}$$

ここで、電圧と電流の積EIは、実際に消費される電力ではなく、電源側から負荷に供給される見かけ上の電力であるから、**皮相電力**とよばれ、量記号P_sで表す。また、単位には〔VA〕(ボルトアンペア)が用いられる。

$$P_s = EI \text{〔VA〕}$$

(d)3種類の電力の関係

皮相電力P_s、有効電力P、無効電力P_qの関係は図5のような直角三角形で表すことができ、3種類の電力の関係は次式のようになる。

$$P_s = |P + jP_q| = |P_s\cos\theta + jP_s\sin\theta|$$
$$= \sqrt{P^2 + P_q{}^2} \text{〔VA〕}$$

2. 力率の改善

交流回路において、インダクタンスがあるために回路を流れる電流の位相が電圧より遅れる場合、図6のように誘導負荷にコンデンサを並列接続して位相の遅れを少なくする方法がある。

このような用途に使用されるコンデンサを**進相用コンデンサ**または**力率改善コンデンサ**という。

図1　交流回路の電力

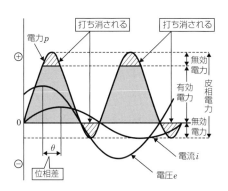

皮相電力　$P_s = EI$〔VA〕
有効電力　$P = EI\cos\theta = P_s\cos\theta$〔W〕
無効電力　$P_q = EI\sin\theta = P_s\sin\theta$〔var〕

力率 $= \dfrac{P}{P_s} = \dfrac{EI\cos\theta}{EI} = \cos\theta$

無効率 $= \dfrac{P_q}{P_s} = \dfrac{EI\sin\theta}{EI} = \sin\theta$

　交流電力は電圧と電流の位相差によって正負の電力（図の斜線部分）を生じる。正負の電力は互いに打ち消し合うので、実際に仕事をする電力は、図の網かけ部分だけである。正負の打ち消し合う電力（図の斜線部分）を無効電力といい、残った網かけ部分の電力を有効電力という。

図2　R－L直列回路とベクトル

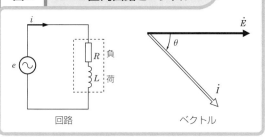

回路　　　　　　　　　ベクトル

図3　電力の正弦波曲線

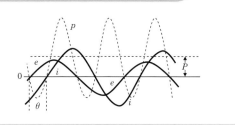

図4　有効電流と無効電流

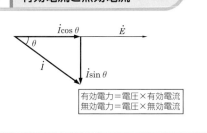

有効電力＝電圧×有効電流
無効電力＝電圧×無効電流

図5　皮相電力・有効電力・無効電力の関係

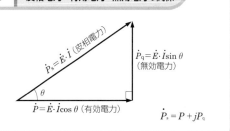

$\dot{P}_s = P + jP_q$

図6　力率の改善

● 進相用コンデンサを挿入することによって、有効電力の大きさを変えずに無効電流を小さくできるので、力率は改善する。

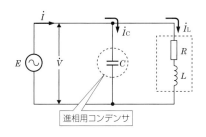

進相用コンデンサ

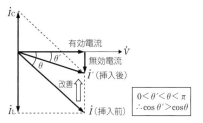

有効電流
無効電流
$\dot{I}'$（挿入後）
改善
$\dot{I}$（挿入前）

$0 < \theta' < \theta < \pi$
$\therefore \cos\theta' > \cos\theta$

5 電気計測

5-1 計器の種類と使用方法

1. 可動コイル形電流計

可動コイル形電流計は、もっとも多く用いられている指示計器であり、直流電流計、直流電圧計、整流形計器等に組み込まれる。図1は、その構造を示したものである。

永久磁石による磁界内に置いた可動コイルが駆動装置となり、可動コイルに電流を流したときにフレミング左手の法則に従って発生する駆動トルクによって、指針が回転する。渦巻きばねの制御トルクと駆動トルクがつり合った位置で指針が止まり、電流の値を指示する。指針は電流に比例して動作するので、指示は平等目盛りとなる。

永久磁石と可動コイルは**駆動装置**、渦巻きばねは**制動装置**、指針は**指示装置**、目盛りは**読取装置**と呼ばれる。

2. 指示計器の種類

指示計器の主なものと、それらの特徴を表1に示す。

静電形計器は電圧で動作するので電圧計として用いられるが、それ以外の計器は電流で動作するので電流計として用いられる。なお、電流計は内部抵抗の小さい電圧計として取り扱うことができるので、倍率器と組み合わせることによって、電圧計として用いることもできる。

3. 電圧計、電流計の接続

指示計器を動作させる力は、電圧計や電流計を流れる電流によるものなので、等価的に内部抵抗で表すことができ、それらの値が被測定回路に影響を及ぼす。負荷抵抗が小さいときは、電流計の内部抵抗による影響が大きいので、図2のように接続すると、測定誤差を小さくすることができる。

4. 分流器、倍率器

(a)分流器

電流計の測定範囲を広げるために、電流計と並列に接続して測定電流を分流する抵抗を**分流器**という（図3）。電流計の内部抵抗をr_a〔Ω〕、測定範囲の倍率をnとすると、分流器の抵抗値R_s〔Ω〕は、次式で表される。

$$R_s = \frac{r_a}{n-1} \,〔Ω〕$$

(b)倍率器

電圧計の測定範囲を広げるために、電圧計と直列に接続して測定電圧を低下させる抵抗を**倍率器**という（図4）。電圧計の内部抵抗をr_v〔Ω〕、測定範囲の倍率をnとすると、倍率器の抵抗値R_m〔Ω〕は、次式で表される。

$$R_m = (n-1)r_v \,〔Ω〕$$

5. 電力の測定

回路に電圧計および電流計を接続して、負荷に供給する電力を測定する場合、電圧計と電流計を接続する方法によって測定誤差に差が生じる。

図5（左）の回路において、電流計の内部抵抗をr_a〔Ω〕、電圧計の内部抵抗をr_v〔Ω〕、電圧計に流れる電流をI_v〔A〕、電圧計の指示値をV_0〔V〕、電流計の指示値をI_0〔A〕とすると、測定値P_0〔W〕は、次式のようになる。

$$P_0 = V_0 I_0 = V(I + I_v) = VI + \frac{V^2}{r_v} \,〔W〕$$

ここで、VIが負荷に供給される電力の真値であり、V^2/r_vが測定誤差となる。

図5（右）の回路において、電流計の電圧降下をV_a〔V〕とすると、測定値P_0〔W〕は、

$$P_0 = V_0 I_0 = (V + V_a)I = (V + r_a I)I$$
$$= VI + r_a I^2 〔W〕$$

となる。ただし、$I_0 = I$ である。ここで、VI が負荷に供給される電力の真値であり、$r_a I^2$ が測定誤差となる。

図1　可動コイル形計器

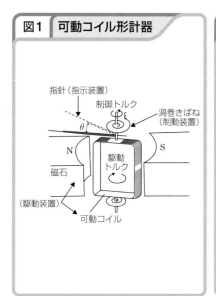

表1　主な指示計器（JIS C 1102より）

計器の名称	記号	動作原理	交流／直流の別
可動コイル形		固定磁石のつくる磁界と可動コイルに流れる直流電流との間の電磁力	直流
可動鉄片形		固定コイルに流れる電流によって磁化された固定鉄片と可動鉄片間の電磁力	交流
電流力計形		固定コイルに流れる電流によって生じる磁界と可動コイルに流れる電流との間の電磁力	交流・直流
整流形		整流器により交流を整流し、可動コイル形計器で電流を測定	交流
熱電形		ヒータに流れる電流によって熱せられる熱電対に生じる起電力を可動コイル形計器で測定	交流・直流
静電形		固定電極と可動電極間に生じる静電気力	交流・直流
誘導形		回転磁界と渦電流との間に生じる電磁力	交流

図2　電流計、電圧計の接続

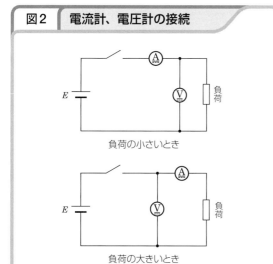

負荷の小さいとき

負荷の大きいとき

図3　分流器

● 抵抗を電流計に並列に接続すると、電流の測定範囲を拡大できる。

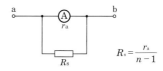

$$R_s = \frac{r_a}{n-1}$$

図4　倍率器

● 抵抗を電圧計に直列に接続すると、電圧の測定範囲を拡大できる。

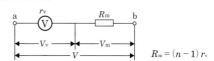

$$R_m = (n-1)\, r_v$$

図5　直流電力の測定

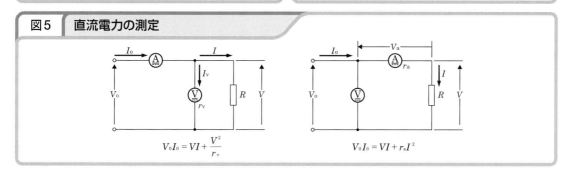

$$V_0 I_0 = VI + \frac{V^2}{r_v}$$

$$V_0 I_0 = VI + r_a I^2$$

練 習 問 題

問1

次の各文章の 　　　　 内に、それぞれの[　　　]の解答群の中から最も適したものを選び、その番号を記せ。

(1) 二つの絶縁物を互いに摩擦すると、一方の電子が他方の表面に移り、互いに電子の過不足を生じて異種の 　　　　 を帯びる電気現象が現れる。

  ① 磁　気　　② 静電容量　　③ 双極子
  ④ 正　孔　　⑤ 電　荷

(2) 帯電していない導体Aに正の電荷を持った帯電体Bを近づけると、AのBに近い側には負の電荷、AのBから遠い側には正の電荷が現れる。この現象を 　　　　 という。

  ① 静電誘導　　② 静電遮蔽　　③ 超伝導
  ④ 電磁誘導　　⑤ 電　離

(3) 2個の電荷 Q_1、Q_2 の間には、Q_1 と Q_2 を結ぶ直線方向に力が働く。その大きさは、Q_1 と Q_2 のそれぞれの電荷の量の積に比例し、Q_1 と Q_2 間の距離の 　　　　 乗に反比例する。

  ① $\dfrac{1}{3}$　　② $\dfrac{1}{2}$　　③ 1　　④ 2　　⑤ 3

(4) 間隔が8ミリメートルの平行板コンデンサの空げきに、同じ面積で厚さ4ミリメートルの金属板を挿入したとき、平行板コンデンサの静電容量は、 　　　　 倍になる。

  ① $\dfrac{1}{4}$　　② $\dfrac{1}{3}$　　③ $\dfrac{1}{2}$　　④ 2　　⑤ 4

(5) 平行電極板で構成するコンデンサの静電容量を大きくする方法の一つに、 　　　　 がある。

  ① 電極板の金属を変える方法
  ② 電極板の面積を小さくする方法
  ③ 電極板間に誘電率の値が大きい物質を挿入する方法
  ④ 電極板の間隔を大きくする方法

参照

☞12ページ

1　静電気

4　電荷

☞12ページ

6　静電誘導

☞14ページ

1　クーロンの法則

☞20ページ

3　平行平板コンデンサの静電容量

☞20ページ

4　誘電体のあるコンデンサの静電容量

(6)　Vボルトに充電したCファラドのコンデンサをCアンペアで放電すると、電圧が低下しV秒で0ボルトになる。したがって、蓄えられていた静電エネルギーは、□□□□ジュール（ワット秒）である。

$$\left[\text{①}\quad CV \qquad \text{②}\quad 2CV \qquad \text{③}\quad \frac{1}{2}C^2V \qquad \text{④}\quad \frac{1}{2}CV^2 \qquad \text{⑤}\quad CV^2\right]$$

☞20ページ

5　コンデンサのエネルギー

(7)　電源回路において、回路定数や入力が急に変化すると、回路内では電流や電圧が変化し、状態がある一定値に落ち着くまでに時間がかかる。状態が落ち着くまでの間に起こる現象は、□□□□現象といわれる。

$$\left[\begin{array}{lll}\text{①}\ 共\quad鳴 & \text{②}\ 飽\quad和 & \text{③}\quad過\quad渡 \\ \text{④}\ 定\quad在 & \text{⑤}\ 共\quad振 & \end{array}\right]$$

☞22ページ

1　コンデンサの過渡現象

(8)　300オームの抵抗Rと15マイクロファラドのコンデンサCを直列にした回路のとき、時定数は、□□□□ミリ秒である。

$$\left[\text{①}\quad 0.2 \qquad \text{②}\quad 0.45 \qquad \text{③}\quad 2.0 \qquad \text{④}\quad 4.5 \qquad \text{⑤}\quad 20.0\right]$$

☞22ページ

1　コンデンサの過渡現象

(9)　図に示す回路において、端子a−b間の電圧は、□□□□ボルトである。

$$\left[\text{①}\quad 20 \qquad \text{②}\quad 21 \qquad \text{③}\quad 24 \qquad \text{④}\quad 56 \qquad \text{⑤}\quad 72\right]$$

☞22ページ

3　合成静電容量

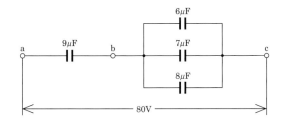

(10)　静電容量C_1マイクロファラドのコンデンサと静電容量C_2マイクロファラドのコンデンサを直列接続した場合の合成静電容量が2マイクロファラドで、並列接続した場合の合成静電容量が9マイクロファラドのとき、C_1の値は、□□□□マイクロファラドである。ただし、$C_1 > C_2$とする。

$$\left[\text{①}\quad 4 \qquad \text{②}\quad 5 \qquad \text{③}\quad 6 \qquad \text{④}\quad 7 \qquad \text{⑤}\quad 8\right]$$

☞22ページ

3　合成静電容量

問2

次の各文章の ▭ に、それぞれの［ ］の解答群の中から最も適したものを選び、その番号を記せ。

(1) ▭ は、電流の流れやすさを表すものである。

［① コンダクタンス ② インダクタンス ③ リアクタンス］

☞24ページ
1 オームの法則

(2) 導体の抵抗を R、導電率を σ、長さを l、断面積を A とすると、これらの間には ▭ の関係がある。

$$
\left[
\begin{array}{lll}
① \quad R = \dfrac{\sigma \cdot l}{A} & ② \quad R = \dfrac{A}{\sigma \cdot l} & ③ \quad R = \sigma \cdot l \cdot A \\[3ex]
④ \quad R = \dfrac{\sigma \cdot A}{l} & ⑤ \quad R = \dfrac{l}{\sigma \cdot A} &
\end{array}
\right]
$$

☞24ページ
2 電気抵抗と温度係数

(3) 一般に、導線の温度が上昇したとき、その抵抗値は、▭ 。

［① 変わらない ② 増加する ③ 減少する］

☞24ページ
2 電気抵抗と温度係数

(4) 図に示す回路において、端子a-b間の合成抵抗は、▭ オームである。

［① 6 ② 7 ③ 12 ④ 14 ⑤ 18］

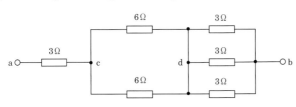

☞24ページ
4 抵抗の接続

(5) 図に示す回路において、端子a-b間の合成抵抗が抵抗 R に等しく、かつ、抵抗 R_1 が ▭ オームのとき、R の両端の電圧は、端子a-b間の電圧 E の $\dfrac{1}{3}$ になる。

$$
\left[
\begin{array}{lll}
① \quad 30 & ② \quad 60 & ③ \quad 90 \\
④ \quad 180 & ⑤ \quad 225 & ⑥ \quad 270
\end{array}
\right]
$$

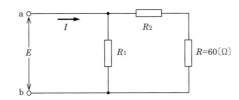

☞24ページ
4 抵抗の接続

(6) R オームの抵抗に I アンペアの電流を t 秒間流したときに発生する熱量は、_____ に比例する。

[① IRt　② I^2Rt^2　③ IRt^2　④ IR^2t　⑤ I^2Rt]

☞26ページ

1　ジュールの法則

(7) 規定された条件の下で、ある時間ヒューズに対して通電したときに劣化を生じない最大電流を、ヒューズの _____ 電流という。

[① 定　常　② 許　容　③ 定　格　④ 過　渡]

☞26ページ

2　許容電流とヒューズ

(8) 図に示す回路において、抵抗 R_0 に矢印のような電流が流れているとき、電池の起電力 E_1 は、_____ ボルトである。ただし、電池の内部抵抗は無視するものとする。

[① 10　② 16　③ 20　④ 25　⑤ 30]

☞28ページ

1　キルヒホッフの法則

$R_0 = 3$ [Ω]　2 [A]

$R_1 = 4$ [Ω]　E_1

$E_2 = 36$ [V]　$R_2 = 5$ [Ω]

問3

次の各文章の _____ 内に、それぞれの [　] の解答群の中から最も適したものを選び、その番号を記せ。

(1) 磁界の強さが H アンペア/メートルのときは、その点の磁界の方向に垂直な平面において、面積1平方メートル当たり H 本の _____ が通っていると考える。

[① 電　荷　② 磁　束　③ 電　束
④ 磁　極　⑤ 磁力線]

☞30ページ

3　磁力線と磁束

(2) 近づけて平行に置かれた2本の電線に、同じ方向に電流を流すと、電線間には _____ が発生する。

[① 誘電層　　　② 吸引し合う力
③ 互いに反発する力　④ 回転力]

☞32ページ

1　平行電線のつくる磁界

⑶　磁気回路において、コイルの巻数と □□□□ との積は、磁束を発生
　させる原動力を表すので起磁力という。
　　　┌ ①　磁　極　　②　抵　抗　　③　電　圧 ┐
　　　└ ④　電　荷　　⑤　電　流　　　　　　　 ┘

☞32ページ
4　起磁力と磁気回路

⑷　磁気回路における磁束は、起磁力に比例し、 □□□□ に反比例す
　る。
　　　┌ ①　電磁力　　　　②　電　束　　　　　③　残留磁気 ┐
　　　└ ④　磁気抵抗　　　⑤　磁気ひずみ　　　　　　　　　 ┘

☞34ページ
1　磁気抵抗

⑸　図に示す磁化曲線において、B は □□□□ を、H は磁化力を示す。
　　　┌ ①　透磁率　　　②　磁気抵抗　　　③　保磁力 ┐
　　　└ ④　磁束密度　　⑤　漏れ磁束　　　　　　　　 ┘

☞34ページ
4　ヒステリシスループ

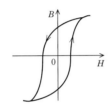

⑹　電磁誘導によって生じる起電力は、磁束の □□□□ に比例する。
　　　┌ ①　漏えい量　　②　変化する割合 ┐
　　　└ ③　大きさ　　　④　磁路の長さ　 ┘

☞36ページ
4　ファラデーの電磁誘導の法
　則

⑺　二つのコイル間で生じる □□□□ は、一方のコイルの電流を変化さ
　せると、他方のコイルに誘導起電力が発生する現象である。
　　　┌ ①　静電誘導　　②　反　響 ┐
　　　└ ③　自己誘導　　④　相互誘導 ┘

☞38ページ
2　相互誘導と相互インダクタ
　ンス

⑻　自己インダクタンスが L ヘンリーであるコイルに I アンペアの電流が
　流れているとき、このコイルに蓄えられている磁気エネルギーは、
　□□□□ ジュールである。
　　　┌ ①　$\dfrac{1}{\sqrt{2}}LI^2$　　②　$\dfrac{1}{2}L^2I$　　③　$\dfrac{1}{2}LI^2$ ┐
　　　└ ④　$\sqrt{2}LI$　　⑤　$2LI^2$　　　　　　　　　　　 ┘

☞40ページ
1　電磁エネルギー

問4

次の各文章の _____ 内に、それぞれの〔　　〕の解答群の中から最も適したものを選び、その番号を記せ。

(1)　正弦波でない交流は、ひずみ波交流といわれ、周波数の異なる幾つかの正弦波交流に分解して表すことができる。これらの正弦波交流のうち、周波数が最も低いもの以外は、 _____ といわれる。

〔①　基本波　　②　高調波　　③　反射波
④　高次波　　⑤　固有波〕

☞42ページ
3　各種の交流

(2)　交流回路において、電圧100ボルト、電流20アンペアといえば、一般に、 _____ で表した値である。

〔①　平均値　　②　瞬時値　　③　無効値
④　最大値　　⑤　実効値〕

☞44ページ
2　実効値

(3)　波形率と同様に、交流波形のひずみの度合いを見る目安の一つである波高率は、 _____ の比で表され、正弦波形の場合、約1.414となる。

〔①　実効値と平均値　　　②　偶数次ひずみと奇数次ひずみ
③　最大値と実効値　　　④　基本波と高調波
⑤　最大値と平均値〕

☞45ページ
●　交流波形のひずみの度合いを
　見る目安

(4)　時間や温度のように大きさだけを持つ量を _____ 量という。

〔①　エネルギー　　②　デジタル　　③　原　子
④　ベクトル　　　⑤　アナログ　　⑥　スカラ〕

☞46ページ
2　ベクトル

(5)　抵抗RとインダクタンスLの直列回路における電圧の位相は、電流に対して _____ 。

〔①　同じになる　　②　進　む　　③　遅れる〕

☞50ページ
1　RL直列回路

問5

次の各文章の $\boxed{}$ 内に、それぞれの[　　]の解答群の中から最も適したものを選び、その番号を記せ。

(1) 図に示す回路において、端子a－b間に、45ボルトの直流電圧を加えたとき、5アンペアの電流が流れ、45ボルトの正弦波交流電圧を加えたとき、3アンペアの電流が流れた。このとき、回路の誘導性リアクタンス X_L は、$\boxed{}$ オームである。

〔① 6　② 9　③ 12　④ 15　⑤ 24〕

☞50ページ
1 RL直列回路

(2) 図に示す回路において、端子a－b間の合成インピーダンスは、$\boxed{}$ オームである。

〔① 22　② 32　③ 44　④ 64　⑤ 88〕

☞50ページ
2 RC直列回路

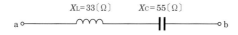

(3) 図に示す回路において、端子a－b間に交流電圧60ボルトを加えたとき、この回路に流れる電流は、$\boxed{}$ アンペアである。

〔① 1.3　② 1.5　③ 4　④ 6.7　⑤ 15〕

☞50ページ
3 RLC直列回路

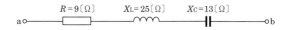

(4) 図に示す回路において、交流電流 I が2アンペアのとき、この回路の端子a－b間に現れる電圧は、$\boxed{}$ ボルトである。

〔① 10　② 14　③ 24　④ 34　⑤ 40〕

☞52ページ
2 RC並列回路

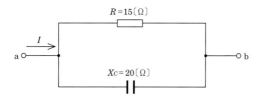

(5)　図に示す回路において、回路に流れる全電流 I は、□□□□□アンペアである。

☞52ページ
3　RLC並列回路

　　　［①　10　　②　15　　③　20　　④　25　　⑤　30］

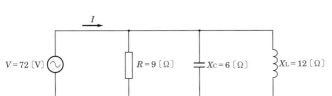

(6)　図に示す回路において、検流計に流れる電流がゼロであった。このとき、インダクタンス L_x は、□□□□□ミリヘンリーである。

☞54ページ
3　交流ブリッジ

　　　［①　12.5　　②　20　　③　35　　④　40　　⑤　60］

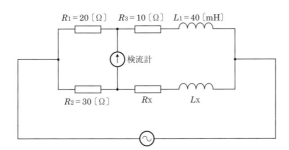

(7)　正弦波交流の流れる回路における力率は、「□□□□□÷皮相電力」で表される。

☞56ページ
1　交流回路の電力

　　　［①　実効電流　　②　有効電力　　③　最大電力
　　　④　無効電力　　⑤　実効電圧］

(8)　図に示すように、最大指示電圧が300ボルト、内部抵抗 r が□□□□□キロオームの電圧計Vに、15キロオームの抵抗 R を直列に接続すると、最大800ボルトの電圧を測定できる。

☞58ページ
4　分流器、倍率器

　　　［①　5　　②　9　　③　10　　④　20　　⑤　30］

内部抵抗 r

$R=15$〔kΩ〕　　　　　　　　Ⓥ

$E=800$〔V〕

解答

問 1 ―(1)⑤　(2)①　(3)④　(4)④　(5)③　(6)④　(7)③　(8)④　(9)④　(10)③

問 2 ―(1)①　(2)⑤　(3)②　(4)②　(5)③　(6)⑤　(7)②　(8)①

問 3 ―(1)⑤　(2)②　(3)⑤　(4)④　(5)④　(6)②　(7)④　(8)③

問 4 ―(1)②　(2)⑤　(3)③　(4)⑥　(5)②

問 5 ―(1)③　(2)①　(3)③　(4)③　(5)①　(6)⑤　(7)②　(8)②

解 説

問1

(4) （極板間隔－金属板の厚さ）÷極板間隔
$$= (8-4) \div 8 = 0.5〔倍〕$$
コンデンサの静電容量は極板間隔に反比例するから、静電容量は**2**倍になる。

(8) $\tau = CR = 300 \times 15 \times 10^{-6} = \mathbf{4.5 \times 10^{-3}}〔s〕$

(9) $Q = 9V_{ab} = (6+7+8)V_{bc}$
$$V_{ab} + V_{bc} = 80$$
$$\therefore \quad V_{ab} = \mathbf{56}〔V〕$$

(10) 直列接続時　$\dfrac{C_1 C_2}{C_1 + C_2} = 2〔\mu F〕$

並列接続時　$C_1 + C_2 = 9〔\mu F〕$

この連立方程式を解いて、$C_1 = 6$、$C_2 = 3$ または $C_1 = 3$、$C_2 = 6$。$C_1 > C_2$ だから $C_1 = \mathbf{6}〔\mu F〕$、$C_2 = 3〔\mu F〕$。

問2

(4) 図を次のように変形する。

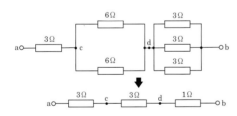

図より、合成抵抗は、$3 + 3 + 1 = \mathbf{7}〔\Omega〕$

(5) $\dfrac{R_1(R_2+R)}{R_1+(R_2+R)} = R$

$$\dfrac{R}{R_2+R} = \dfrac{1}{3}$$

$$\therefore \quad R_1 = \dfrac{3}{2}R = \mathbf{90}〔\Omega〕$$

(8) $E_1 = R_1 I_1 + R_0(I_1 - I_2)$
$E_2 = R_2 I_2 + R_0(I_2 - I_1)$

$I_2 - I_1 = 2$
$$\therefore \quad E_1 = \mathbf{10}〔V〕$$

問5

(1) $R = 45 \div 5 = 9〔\Omega〕$
$$\sqrt{9^2 + X_L^2} = 45 \div 3 = 15〔\Omega〕$$
$$\therefore \quad X_L^2 = 15^2 - 9^2 = 3^2(5^2 - 3^2) = 3^2 \times 4^2 = 12^2$$
$$\therefore \quad X_L = \mathbf{12}〔\Omega〕$$

(2) $Z = |X_L - X_C| = |33 - 55| = \mathbf{22}〔\Omega〕$

(3) $Z = \sqrt{R^2 + (X_L - X_C)^2} = \sqrt{9^2 + (25-13)^2}$
$$= 3 \times \sqrt{3^2 + 4^2} = 3 \times 5 = 15〔\Omega〕$$
$$\therefore \quad I = V \div Z = 60 \div 15 = \mathbf{4}〔A〕$$

(4) $Z = \dfrac{1}{\sqrt{\dfrac{1}{R^2} + \dfrac{1}{X_C^2}}} = \dfrac{RX_C}{\sqrt{R^2 + X_C^2}} = \dfrac{15 \times 20}{\sqrt{15^2 + 20^2}}$
$$= 12〔\Omega〕$$
$$\therefore \quad V = ZI = 12 \times 2 = \mathbf{24}〔V〕$$

(5) $Z = \dfrac{1}{\sqrt{\dfrac{1}{R^2} + \left(\dfrac{1}{X_L} - \dfrac{1}{X_C}\right)^2}} = \dfrac{RX_L X_C}{\sqrt{X_L^2 X_C^2 + R^2(X_C - X_L)^2}}$

$$= \dfrac{9 \times 12 \times 6}{\sqrt{12^2 \times 6^2 + 9^2(6-12)^2}} = 7.2〔\Omega〕$$
$$\therefore \quad I = V \div Z = 72 \div 7.2 = \mathbf{10}〔A〕$$

(6) $R_1 \times (R_x + j\omega L_x) = R_2 \times (R_3 + j\omega L_1)$
$20 \times (R_x + j\omega L_x) = 30 \times (10 + j40\omega)$
$20 R_x + j20\omega L_x = 300 + j1,200\omega$
$$\therefore \quad R_x = 300 \div 20 = 15〔\Omega〕$$
$$L_x = 1,200 \div 20 = \mathbf{60}〔mH〕$$

(8) $\dfrac{E}{V_m} = \dfrac{R+r}{r}$
$$\therefore \quad r = 9,000〔\Omega〕 \rightarrow \mathbf{9}〔k\Omega〕$$

2

電子回路

　電話機や各種端末装置では、ICや各種制御回路が使われている。また、近年急速に普及しつつある光ファイバ通信においても、光源や受光器に半導体素子が使用されている。本章では、これら電子回路を構成している基本的な素子について、その構造や動作原理を学ぶ。

　学習項目としては、半導体素子の種類と特徴・用途、トランジスタおよびFETの動作原理などがある。

　とくに、ダイオード等各種半導体素子では、図記号および名称を、また、トランジスタでは接地方式による特徴・用途・静特性曲線の使い方を理解することが重要である。

1　ダイオード回路等

1-1　半導体の基礎

1. 半導体の性質

物質には、金属や電解液のように電気を通しやすい物質と、ゴムやガラスのように電気をほとんど通さない物質とがある。電気を通しやすい（抵抗率が低い）物質を**導体**、通しにくい（抵抗率が高い）物質を**絶縁体**（または不導体）という。

ゲルマニウム（Ge）やシリコン（Si）は**半導体**とよばれる物質で、抵抗率でみると導体と絶縁体の中間に位置する。この半導体にごく微量の不純物を混入させ、熱や光などの外部からのエネルギーを与えると抵抗率が大きく変化する性質があり、ダイオードをはじめとした電子部品の材料として応用されている。

半導体は以下のような性質を持つ。

(a)負の温度係数

金属は一般に温度が上昇すると抵抗値も増加する（PTC；正の温度係数）。これに対し、半導体は温度が上昇すると抵抗値が減少する（NTC；負の温度係数）。この性質を利用したものにサーミスタがあり、温度センサや電子回路の温度補償用として利用されている。

(b)整流効果

p形半導体とn形半導体を接合すると、電圧をかける方向によって電流が流れたり流れなかったりする。これを整流効果といい、交流を直流に変換する整流器に利用されている。

(c)光電効果

光の変化に反応して抵抗値が変化する性質がある。これを応用したものに、ホトダイオードやホトトランジスタなどの受光素子がある。

(d)熱電効果

p形半導体とn形半導体を接合し、その接合面の温度を変化させると、電流が発生する。

2. 価電子、共有結合

原子の構造は、中心部の原子核と原子核を周回する電子から形成されている。電子の数は原子の種類（元素）によって異なるが、このうち最も外側の軌道を周回する電子を**価電子**という。ゲルマニウム（Ge）やシリコン（Si）は、4個の価電子を持っているので、4価の元素という。また、価電子は隣接する原子同士で**共有結合**されている。

3. 半導体の種類

(a)n形半導体

シリコン（Si）の真性半導体（結晶の純度が非常に高い半導体）に、不純物としてひ素（As）やリン（P）のような5価の元素をわずかに加える。すると、5価の元素の価電子は隣接するSiの価電子と共有結合を行おうとするが、Siの価電子は4個なので価電子が1個余る。この余った価電子が**自由電子**とよばれるもので、これが電気伝導の担い手となって電気抵抗を著しく小さくする。このような自由電子が存在する半導体を**n（Negative）形半導体**という。

(b)p形半導体

Siの真性半導体中に、不純物としてインジウム（In）やホウ素（B）のような3価の元素をわずかに加えると、今度は、共有結合するための価電子が1個不足し、**正孔（ホール）**を生じる。この正孔も自由電子と同様に電気伝導の担い手となる。このような正孔が存在する半導体を**p（Positive）形半導体**という。

4. 多数キャリアと少数キャリア

半導体中の自由電子や正孔の移動そのものが電気伝導であり、これらを電気を運ぶという意味から**キャリア**という。n形半導体では、自由電子

が**多数キャリア**となり、正孔が**少数キャリア**となる。p形半導体の場合にはこの逆になる。

　n形半導体の不純物（As、Sbなど）を「価電子の提供者」という意味で**ドナー**（donor）といい、真性半導体にこれを加えると自由電子が生じる。また、p形半導体の不純物原子（In、Gaなど）を「価電子を受け取る者」という意味で**アクセプタ**（acceptor）といい、真性半導体にこれを加えると正孔が生じる。

図1　半導体の性質

● 半導体は熱や光など外部からエネルギーを受けると、抵抗率が大きく変化する性質がある。

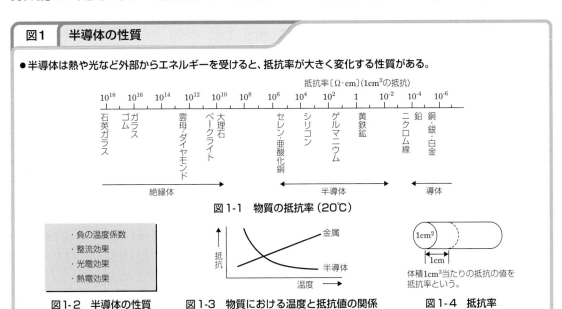

図1-1　物質の抵抗率（20℃）

図1-2　半導体の性質　　図1-3　物質における温度と抵抗値の関係　　図1-4　抵抗率

図2　価電子と共有結合

● 最も外側の軌道を周回する電子を価電子といい、隣接する原子同士で共有結合されている。

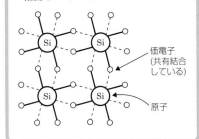

図3　半導体の種類

● n形半導体は自由電子が電気伝導の担い手となる。

● p形半導体は正孔が電気伝導の担い手となる。

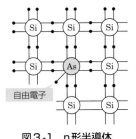

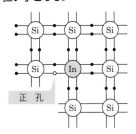

図3-1　n形半導体　　　　図3-2　p形半導体

表1　多数キャリアと少数キャリア

	n形半導体	p形半導体
混入する不純物	リン(P)、ヒ素(As)、アンチモン(Sb)	ホウ素(B)、ガリウム(Ga)、インジウム(In)
不純物の原子価	5価	3価
多数キャリア(電気伝導の担い手)	自由電子	正孔
少数キャリア	正孔	自由電子

1-2 pn接合とダイオード

1. pn接合の整流作用

p形とn形の半導体結晶を接合させた半導体を**pn接合**半導体という。p形結晶内ではキャリアの濃度は正孔が自由電子よりもはるかに大きく、n形結晶内では逆に自由電子の濃度が大きい。半導体中でキャリアの濃度に差があるとキャリアは濃度の高い部分から低い部分に移動して全体として一様な濃度になろうとする（これを**拡散**という）ため、pn接合面付近の正孔はn側に移動し、自由電子はp側に移動して、それぞれ移動先の多数キャリアと再結合（中和）し平衡する。これにより、接合面付近にはキャリアの存在しない**空乏層**ができる。この結果、これ以上の拡散は起こらないわけであるが、pn接合半導体の両端に、それぞれの電極を接続して電圧を加えると、電圧の方向によって次の(a)、(b)の現象が起こる。

(a)p側に（＋）、n側に（−）電圧を印加

このときの電圧の向きを**順方向**という。図1-1において、n側の自由電子はp側に接続された（＋）電極に引き寄せられてp側に移動する。また、p側の正孔はn側に接続された（−）電極に引き寄せられてn側に移動する。この結果、空乏層の幅が狭くなり、電流が流れる。移動した自由電子および正孔は少数キャリアとして移動先の結晶内を拡散し、やがて多数キャリアと再結合して消滅するが、電圧を印加している限りp側の電極から正孔が、n側の電極から電子が供給されるため、電流が流れ続ける。

(b)p側に（−）、n側に（＋）電圧を印加

このときの電圧の向きを**逆方向**という。図1-2において、p側の正孔はp側に接続された（−）電極に引き寄せられ、また、n側の自由電子はn側に接続された（＋）電極に引き寄せられる。このため、空乏層の幅が広がり、電流は流れない。

このように一方向のみ電流を通す作用を**整流作用**といい、1組のpn接合に電極を接続した素子がダイオードである。

2. ダイオードの機能

ダイオードでは、p形半導体の電極を**アノード**（A）、n形半導体の電極を**カソード**（K）という。したがって電流はアノードからカソード方向のみに流れ、逆方向へは流れない。この整流作用は電源整流回路（交流−直流変換）などに利用されている。(図2)

また、整流作用は、電流が流れる方向をスイッチのON（導通）、流れない方向をスイッチのOFF（遮断）とした**スイッチング機能**としても利用できる。外部抵抗Rに対して、ダイオードの順方向抵抗が無視できるほど小さく、かつ、Rに対してダイオードの逆方向抵抗が非常に大きい場合は、ダイオードはスイッチング作用をする。

3. 順方向特性

ダイオードは加える電圧の大きさによって順方向電流（抵抗）が変化する特性を持つ。ダイオードに電圧を加えたときに流れる電流の特性を示したものをダイオードの**順方向特性**という。(図3)

4. ダイオードの種類

(a)定電圧ダイオード

定電圧ダイオードは**ツェナーダイオード**ともばれる素子で、熱に強いシリコンダイオードが使われている。シリコンダイオードに逆方向電圧を加えた場合、ある電圧以上になると急激に電流が流れ出す。この現象を**降伏現象**または**ツェナー降伏**といい、このときの電圧のことを**降伏電圧**という。電流値の広い範囲で電圧を一定に保つので、定電圧回路などに使用されている。

(b)可変容量ダイオード

空乏層の幅は、pn接合に加える逆方向電圧により変化し、逆方向電圧が大きくなると広くなる。コンデンサの静電容量は電極間間隔に反比例する

ので、空乏層を利用すると逆方向電圧によって静電容量を変化させるコンデンサになる。**可変容量ダイオード**は、逆方向電圧の大きさにより静電容量を制御する可変コンデンサとして利用される。

図1	pn接合の整流作用

● **pn接合ではp形半導体側がプラスになるように、また、n形半導体側がマイナスになるように電圧を加えたときに電流が流れる。**

順方向：p形半導体がプラス電位になる方向。　　　　逆方向：n形半導体がプラス電位になる方向。

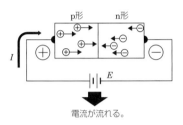

電流が流れる。

図1-1　順方向電圧を加えたとき

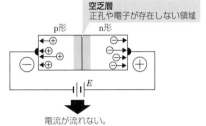

空乏層
正孔や電子が存在しない領域

電流が流れない。

図1-2　逆方向電圧を加えたとき

図2	ダイオードの機能

● ダイオードはアノード（A）からカソード（K）方向に電流が流れる。

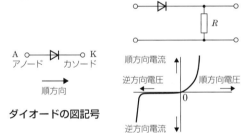

A　アノード　K　カソード
順方向

ダイオードの図記号

順方向電流
逆方向電圧　順方向電圧
0
逆方向電流

図3	順方向特性

順方向特性
ダイオード単体の電圧—電流特性

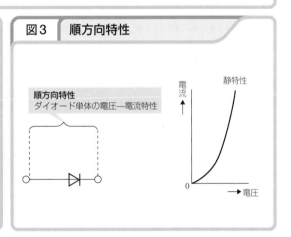

静特性
電流
0　→電圧

図4	ダイオードの種類

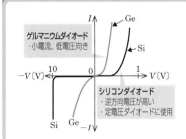

ゲルマニウムダイオード
・小電流、低電圧向き

シリコンダイオード
・逆方向電圧が高い
・定電圧ダイオードに使用

図4-1　ダイオードの物質による違い

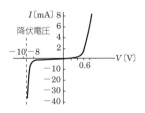

逆方向電圧を加えると、ある電圧以上で電流が急激に流れ出す（降伏現象）。

図4-2　定電圧ダイオード

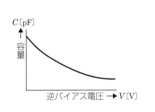

逆方向電圧により空乏層の大きさを制御し、可変容量コンデンサとして利用する。

図4-3　可変容量ダイオード

1-3 ダイオードの波形整形回路

1. 整流回路

　整流回路は、交流信号を直流信号に変換する回路として電子機器等で広く利用されている回路である。ダイオードを用いた整流回路には**半波整流回路**と**全波整流回路**がある。整流回路の出力は脈流なので、通常、この脈流を**平滑回路**を通して均すことにより、電圧が一定の直流にする。

(a)半波整流回路

　正負に変化する入力正弦波交流電圧のうち、正または負の半周期のみ取り出して出力する回路である。図1の回路では、ダイオードDに加わる電圧が正の半周期のときのみDは導通し、負荷R_Lに電圧V_Rが印加される。

(b)全波整流回路

　入力正弦波交流の半周期ごとに電圧の極性を逆転させることによって、全周期にわたって正または負の電圧が出力される回路である。

　図2の回路において、トランスの出力側でセンタータップ(出力側の中間端子)からD_1、D_2の各ダイオードに加わる電圧は、互いに反対方向である。

　ダイオードD_1に加わる電圧が正の半周期のときは、D_1に順方向電圧が加わるのでD_1は導通し、負荷R_Lに正の電圧V_Rが印加される。このとき、ダイオードD_2には逆方向電圧が加わるので、D_2は導通しない。次の半周期ではD_1に加わる電圧は逆方向になるので、D_1は導通しない。このとき、D_2には順方向の電圧が加わるので、D_2は導通してR_Lに正の電圧V_Rが印加される。

　このように、半周期ごとにダイオードが交互に導通し、回路の出力電圧V_Rは全周期にわたって正の電圧となる。

(c)ブリッジ整流回路

　図3のようなダイオードを4個使用した全波整流回路である。

2. 波形整形回路

　波形整形回路は振幅操作回路ともよばれ、入力波形の一部を切り取り、残った部分を出力する回路である。波形操作の違いにより、**クリッパ**、**リミッタ**、**スライサ**などの種類がある。

(a)クリッパ

　出力電圧を基準電圧以下に抑え、入力電圧の限られた範囲のみ通過させたり、逆にカットする機能をクリッパという。

●ベースクリッパ

　基準電圧以上を取り出すもので、基準電圧以下の波形を切り取る。

　表1中の図①の直列形ベースクリッパ回路において、入力電圧をV_I、出力電圧をV_0とすると、

・$V_I < E$のとき

　ダイオードのカソード(K)側の電位が高いので、ダイオードはOFF(遮断)になり、V_0にはEの電圧のみが出力される(表1中の図②)。

・$V_I > E$のとき

　ダイオードのアノード(A)側の電位が高いので、ダイオードはON(導通)となる。この結果、V_0にはV_Iの電圧が出力される(表1中の図②)。

●ピーククリッパ(リミッタ)

　基準電圧以下を取り出し、基準電圧以上の波形を切り取る回路をピーククリッパまたはリミッタという。この回路はパルス波形のレベル調整などに使われる。

　表1中の図③の並列形ピーククリッパ回路において、入力電圧をV_I、出力電圧をV_0とすると、

・$V_I < E$のとき

　電位はアノード(A)側よりもカソード(K)側の方が高いので、ダイオードはOFFとなる。この場合、次の回路(1)と等価であるから、入力波形はそのまま出力される(表1中の図④)。

・$V_I > E$ のとき

カソード(K)側の電位はEと同じなのでアノード(A)側の方が電位が高くなり、ダイオードはONとなる。ダイオードがONのときは回路(2)と等価であるから、出力端子V_0には入力波形に関係なくEの電圧が出力される(表1中の図④)。

(b)スライサ(図4)

正負両側についてそれぞれ基準電圧を設け、基準電圧以上の波形を切り取り、中央部の信号波形だけを出力する回路で、クリッパを2つ組み合わせた構成となっている。

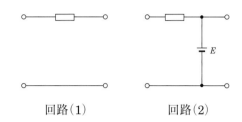

回路(1)　　　　　　回路(2)

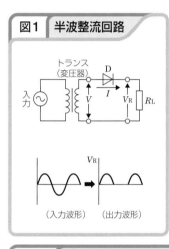

図1　半波整流回路

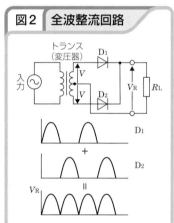

図2　全波整流回路

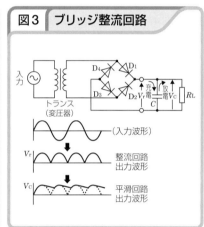

図3　ブリッジ整流回路

表1	クリッパ		
	回 路 構 成		出 力 波 形 (正弦波交流が入力の場合)
	並 列 形	直 列 形	

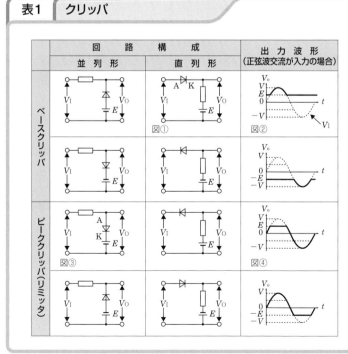

図4	スライサ

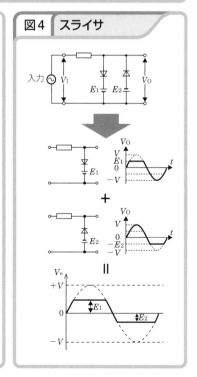

2 トランジスタ回路

2-1 トランジスタの動作原理

1. トランジスタの種類

トランジスタの構造は、p形とn形の半導体をサンドイッチ状に接合したもので、接合の違いにより、**pnp形**と**npn形**の2種類がある（表1）。

いずれも電極は3つあり、中間層の電極を**ベース**（B：Base）、他の電極をそれぞれ**コレクタ**（C：Collector）、**エミッタ**（E：Emitter）とよぶ。

図記号では、エミッタの矢印の方向でpnp形かnpn形かを区別する。矢印の方向は電流が流れる方向を示し、矢印が外側に向いている場合はnpn形、矢印が内側を向いている場合はpnp形となる。矢印の指す方向は必ずn形半導体になることに注目すると覚えやすい。

2. トランジスタの動作原理（npn形トランジスタの場合）

トランジスタの動作原理をnpn形を例にとって説明する（図1）。

① まず、エミッタ－ベース間にベース電極（p形半導体）が（＋）、エミッタ電極（n形半導体）が（－）になるように電圧を加える。これはpn接合に対して順方向電圧を加えている状態であるから、エミッタ電流I_Eが流れる。

I_Eを運ぶ多数キャリアは、エミッタからベースに注入される自由電子である。ベースからエミッタに注入される正孔もあるがベースに比べエミッタの不純物濃度をはるかに大きくしているのでこの分は無視できる。

② 次に、コレクタ電極（n形半導体）が（＋）、ベース電極（p形半導体）が（－）になるように電圧を加える。

今度はpn接合に逆方向電圧を加えた状態になるので、コレクタ－ベース接合面において空乏層が大きくなり電流は流れない。

③ さらに、npn形トランジスタのベース－エミッタ間に順方向電圧を、コレクタ－ベース間に逆方向電圧を同時に加える。

エミッタからベースに注入された自由電子はベース領域を拡散していく。そしてこの自由電子の一部は、ベース領域中の正孔と結合して消滅する。

ここで、トランジスタのベース層は数〔μm〕と非常に薄くつくられているため、大部分の自由電子がベース領域を通過してコレクタ領域に到達する。さらに自由電子はコレクタ－ベース間の空乏層がつくる高い電界に引き込まれてコレクタ電極に到達し、コレクタ電流I_Cとなる。

このとき、ベース領域中で結合して消滅する自由電子の量は全体の1％以下で、99％以上の自由電子はコレクタに到達する。

なお、pnp形トランジスタの場合は自由電子を正孔に置き換えて考えればよい。

3. 電流の関係（図2）

エミッタを流れる電流をI_E、ベースを流れる電流をI_B、コレクタを流れる電流をI_Cとすると、これらの間には次の関係がある。

$$I_E = I_B + I_C〔A〕$$

たとえば、コレクタ電流が6mA、ベース電流が0.3mAであったとすると、このときのエミッタ電流は、

$$I_E = I_B + I_C = 0.3 + 6 = 6.3〔mA〕$$

となる。

一般に、ベース電流I_Bは数十〔μA〕〜数百〔μA〕程度であるが、コレクタ電流は数〔mA〕〜数十〔mA〕と大きな値となる。これは、小さなベース電流で大きなコレクタ電流を制御していることになる。ベース電流を入力、コレクタ電流を出力とした場合、トランジスタは**電流増幅**を行うことができる。

表1　トランジスタの種類

	構造	図記号
pnp形	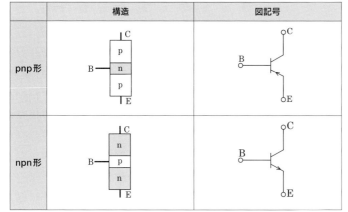	
npn形		

B：ベース（Base）
C：コレクタ（Collector）
E：エミッタ（Emitter）

● 接合の違いによりpnp形、npn形がある。
● 図記号の矢印の方向に電流が流れる。
● ベース層は非常に薄くできている。

図1　トランジスタの動作原理（npn形トランジスタの場合）

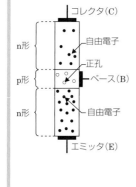

● 内部構造

コレクタ（C）
n形
　自由電子
　正孔
p形　ベース（B）
n形
　自由電子
エミッタ（E）

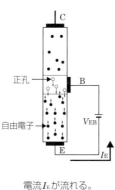

①エミッターベース間に順方向電圧を加える。

正孔
自由電子
V_{EB}
I_E

電流I_Eが流れる。

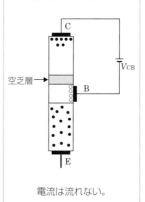

②コレクターベース間に逆方向電圧を加える。

空乏層
V_{CB}

電流は流れない。

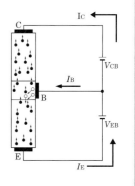

③エミッターベース間に順方向電圧、コレクターベース間に逆方向電圧を加える。

I_C
V_{CB}
I_B
V_{EB}
I_E

図2　電流の関係

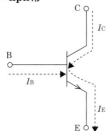

● npn形

C
I_C
B
I_B
I_E
E

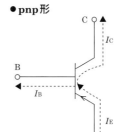

● pnp形

C
I_C
B
I_B
I_E
E

$$I_E = I_B + I_C$$
（エミッタ電流）＝（ベース電流）＋（コレクタ電流）

2-2 トランジスタの接地方式

1. 接地方式

　増幅回路のように、信号の入力と出力がある回路の場合、一般的に入力側を2端子、出力側を2端子とする4端子回路の動作として扱う。

　トランジスタの電極は3つあるので、4端子回路とするためには、このうちの電極の1つを入出力共通の端子とする必要がある。この共通端子の選び方により、**ベース接地**、**エミッタ接地**、**コレクタ接地**の3種類の接地方式がある（表1）。

(a)ベース接地

　電流利得は小さく、1以下（ほぼ1）である。入力インピーダンスが低く出力インピーダンスが高いので、多段接続をする際にはインピーダンス整合が必要となる。

　電圧利得が大きく、高周波において極めて良好な特性を得られるので、高周波増幅回路として使用される。

(b)エミッタ接地

　3つの接地方式のなかでは電力利得が最も大きい。このため、増幅回路に最も多く使用されている。入力信号と出力信号では電圧の位相がπ〔rad〕（=180°）反転する。

(c)コレクタ接地

　一般に、エミッタホロワとよばれ、電流利得は大きいが電圧利得はほぼ1と小さく、電力利得も小さい。入力インピーダンスが高く出力インピーダンスが低いので、高インピーダンスから低インピーダンスへのインピーダンス変換に使用される。

2. 電圧の方向

　トランジスタの増幅回路では、入力信号とは別に、動作させるための電圧（電源）を外部から与える必要がある。

　図1のようなエミッタ接地の増幅回路では、ベース電源V_{BB}とコレクタ電源V_{CC}により直流電圧を与えている。このとき、ベース−エミッタ間が順方向電圧、コレクタ−ベース（エミッタ）間が逆方向電圧となるように電源を接続する。

3. 電流増幅率

(a)ベース接地の電流増幅率（図2）

　ベース接地の回路では、エミッタを入力電極、コレクタを出力電極とし、コレクタ電流I_Cはエミッタ電流I_Eに制御される。このとき、I_Cの変化分ΔI_Cと、I_Eの変化分ΔI_Eの比をベース接地の電流増幅率といい、記号αで表す。

$$\alpha = \frac{\Delta I_C}{\Delta I_E} \quad\cdots\cdots\cdots\cdots①$$

(b)エミッタ接地の電流増幅率（図3）

　エミッタ接地の回路では、ベースを入力電極、コレクタを出力電極としているので、コレクタ電流I_Cはベース電流I_Bに制御される。このときI_Cの変化分ΔI_Cと、I_Bの変化分ΔI_Bの比をエミッタ接地の電流増幅率といい、記号βで表す。

$$\beta = \frac{\Delta I_C}{\Delta I_B} \quad\cdots\cdots\cdots\cdots②$$

ここで、I_Eは、I_CとI_Bの和となるから、

$$\Delta I_E = \Delta I_C + \Delta I_B \quad\cdots\cdots③$$

②式に③式、①式を代入して整理すると、

$$\beta = \frac{\Delta I_C}{\Delta I_B} = \frac{\Delta I_C}{\Delta I_E - \Delta I_C} = \frac{\frac{\Delta I_C}{\Delta I_E}}{1 - \frac{\Delta I_C}{\Delta I_E}}$$

$$= \frac{\alpha}{1-\alpha}$$

となる。

　たとえば、ベース接地形トランジスタ回路で、エミッタ電流I_Eが3mA、コレクタ電流I_Cが2.85mAのとき、このトランジスタ回路をエミッタ接地形と

した場合の電流増幅率は、次のようにして求められる。

$$\alpha = \frac{I_C}{I_E} = \frac{2.85}{3} = 0.95$$

$$\beta = \frac{\alpha}{1-\alpha} = \frac{0.95}{1-0.95} = 19$$

よって、エミッタ接地の電流増幅率は19である。

表1　接地方式

回路図		ベース接地	エミッタ接地	コレクタ接地
	npn	回路図	回路図	回路図
	pnp	回路図	回路図	回路図
入力インピーダンス		低	中	高
出力インピーダンス		高	中	低
電流利得		小（＜1）	大	大
電圧利得		大（負荷抵抗が大きい場合）	中	小（ほぼ1）
電力利得		中	大	小
入力と出力の電圧位相		同　相	逆　相	同　相
用　途		高周波増幅回路	増幅回路	インピーダンス変換回路

図1　電圧の方向

- npn形

- pnp形

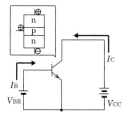
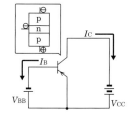

図2　ベース接地の電流増幅率

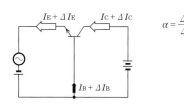

$$\alpha = \frac{\Delta I_C}{\Delta I_E}$$

図3　エミッタ接地の電流増幅率

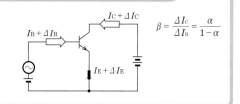

$$\beta = \frac{\Delta I_C}{\Delta I_B} = \frac{\alpha}{1-\alpha}$$

2-3 トランジスタの静特性

1. 線形素子と非線形素子

抵抗、コイル、コンデンサなどは、図1-1のように加えた電圧の大きさに比例して電流が流れる素子であり、オームの法則を適用して電流や電圧を求めることができる。このような素子は**線形素子**あるいは**直線素子**とよばれる。

これに対し、ダイオードやトランジスタなどの素子は、図1-2のように加えた電圧に対し流れる電流が比例しないため、**非線形素子**または**非直線素子**とよばれる。非線形素子を含む回路では、オームの法則で電流・電圧を求めるのは困難なので、一般には**特性曲線**を用いて回路を解析する。

2. 静特性測定回路

トランジスタ単体の電気的特性をトランジスタの**静特性**といい、各電極に直流電圧を加えたときの電圧と電流の関係を4つの特性図で示す。

トランジスタの接地方式によって静特性は異なるが、一般には図2のようなエミッタ接地の静特性測定回路で得られる静特性が用いられる。

3. 静特性（エミッタ接地）

トランジスタの静特性には、次の4つがある。
（a）入力特性（$I_B - V_{BE}$特性）

コレクターエミッタ間の電圧V_{CE}を一定に保ったときの、ベース電流I_Bとベースーエミッタ間電圧V_{BE}の関係を示したものである。この特性はダイオードの順方向特性と同様な曲線となる。

ここで、V_{BE}とI_Bの傾きを**入力インピーダンス**といい、量記号h_{ie}で表す。

$$h_{ie} = \frac{\Delta V_{BE}}{\Delta I_B} \qquad (V_{CE} = 一定)$$

（b）出力特性（$I_C - V_{CE}$特性）

ベース電流I_Bを一定に保ったときの、コレクタ電流I_Cとコレクターエミッタ間電圧V_{CE}との関係を示したものである。曲線の傾きが大きいほど出力インピーダンスは小さくなる。

この特性では、V_{CE}が0〜1Vの間ではI_Cが急激に増加するが、それ以降はV_{CE}が変化してもI_Cはほとんど変化しない。増幅作用にはこの変化しない領域が必要である。ここで、I_CとV_{CE}の傾きを**出力アドミタンス**といい、記号h_{oe}で表す。

$$h_{oe} = \frac{\Delta I_C}{\Delta V_{CE}} \qquad (I_B = 一定)$$

（c）電流伝達特性（$I_C - I_B$特性）

コレクターエミッタ間電圧V_{CE}を一定に保ったときの、コレクタ電流I_Cとベース電流I_Bの関係を示したものである。特性曲線の傾きが**電流増幅率**を示す。この傾斜が大きいほど増幅率も大きくなる。電流増幅率は、記号h_{fe}またはβで表す。

$$\beta = h_{fe} = \frac{\Delta I_C}{\Delta I_B} \qquad (V_{CE} = 一定)$$

また、直流電流I_{CC}とI_{BB}の比を**直流電流増幅率**といい、記号h_{FE}で表す。

$$h_{FE} = \frac{I_{CC}}{I_{BB}} \qquad (V_{CE} = 一定)$$

（d）電圧帰還特性（$V_{BE} - V_{CE}$特性）

ベース電流I_Bを一定に保ち、V_{CE}を変化させたときのV_{BE}との比を**電圧帰還率**といい、記号h_{re}で表す。

$$h_{re} = \frac{\Delta V_{BE}}{\Delta V_{CE}} \qquad (I_B = 一定)$$

※ h_{xx}

h定数またはハイブリッド（Hybrid）パラメータとよばれるもので、トランジスタの静特性の直線部の傾きを4つの定数で表し線形素子として扱う。h定数は接地方式により特性が変化するので、添え字で特性と接地方式を表す。

図1　線形素子と非線形素子

● ダイオードやトランジスタは非線形素子とよばれる。

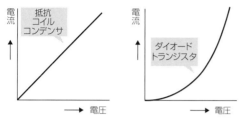

図1-1　線形素子　　図1-2　非線形素子

図2　静特性測定回路

● 静特性では、一般にエミッタ接地のものが用いられる。

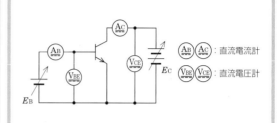

A_B A_C：直流電流計
V_{BE} V_{CE}：直流電圧計

図3　静特性（エミッタ接地）

● 静特性曲線の直線部の傾きをh定数で表し、線形素子として扱う。

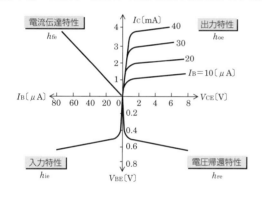

電流伝達特性 h_{fe}　出力特性 h_{oe}　入力特性 h_{ie}　電圧帰還特性 h_{re}

表3-1　h定数　添字の意味

	エミッタ接地	ベース接地	コレクタ接地
入力インピーダンス h_i	h_{ie}	h_{ib}	h_{ic}
電圧帰還率 h_r	h_{re}	h_{rb}	h_{rc}
電流増幅率 h_f	h_{fe}	h_{fb}	h_{fc}
出力アドミタンス h_o	h_{oe}	h_{ob}	h_{oc}

$h$xx
接地（e：emitter、b：base、c：collector）
特性 i：input（入力）
r：reverse（逆行）
f：forward（進行）
o：output（出力）

● 静特性曲線を用い、ベース電流I_Bとコレクタ電流I_Cを求める。

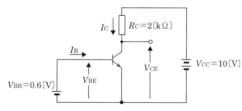

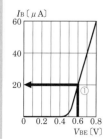
図3-1　I_B-V_{BE}特性　入力特性

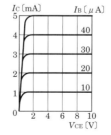
図3-2　I_C-I_B特性　電流伝達特性

図3-3　I_C-V_{CE}特性　出力特性

静特性曲線より、
①ベース電流I_B
②コレクタ電流I_C
③コレクターエミッタ電圧V_{CE}を求める。

①I_B-V_{BE}特性（入力特性）より、$V_{BE}=V_{BB}=0.6$〔V〕のときのベース電流I_Bを求める。
$$I_B=20〔\mu A〕$$

②I_C-I_B特性（電流伝達特性）より、$I_B=20$〔μA〕のときのI_Cを求める。
$$I_C=2〔mA〕$$

③V_{CE}は負荷抵抗R_Cによる電圧降下から計算で求める。
$$V_{CE}=V_{CC}-V_{RC}$$
$$=V_{CC}-I_C\cdot R_C$$
$$=10-(2\times10^{-3})\cdot(2\times10^3)$$
$$=10-4=6〔V〕$$

2-4 トランジスタの増幅回路

1. トランジスタ増幅回路の原理

トランジスタの増幅回路は、一般に図1のようなエミッタ接地が用いられ、入力側の小さな電流変化 ΔI_B により出力側の大きな電流変化 ΔI_C を得ることにより増幅を行う。

(a)バイアスの必要性

入力端子に入力信号 v_i のみを与えた場合、v_i は交流信号なので、電圧が正のときは信号が現れるが、負のときは信号が現れない。これでは入力信号をひずみなく増幅することができない。

そこで、常にベース電圧が正となるようにベースバイアス電圧 V_{BB} を与えることで、入力交流信号の全周期を増幅することができるようになる。

ここで、ベース−エミッタ電圧 V_{BE} はベースバイアス電圧 V_{BB} と入力信号電圧 v_i が重畳された信号となり、次式で表される。

$$V_{BE} = V_{BB} + v_i \,[V]$$

また、このときのベース電流 I_B、コレクタ電流 I_C はそれぞれ次式で表される。

$$I_B = I_{BB} + i_b \,[A]$$
$$I_C = I_{CC} + i_c \,[A]$$

(b)負荷抵抗 R_L

増幅されたコレクタ電流 I_C を出力電圧信号として取り出すために、負荷抵抗 R_L を接続する。R_L の両端の電圧 V_R を出力として取り出す。

(c)コンデンサ C

結合コンデンサ(カップリングコンデンサ)とよばれ、バイアスによる直流成分を阻止し、変化分(交流信号成分)のみを取り出す。

2. 動作点

V_{BB} によって I_{BB} が決まる点 P_B をベース電流 I_B の**動作点**(図2-1)といい、I_{BB} によって I_{CC} が決まる点 P_C をコレクタ電流 I_C の動作点(図2-2)という。

この動作点 P_B、P_C を中心に I_B、I_C が変化する。

増幅をひずみなく行うためには、$I_B - V_{BE}$ 特性曲線の直線部分に動作点がくるよう、V_{BB} を設定する。

● トランジスタ増幅回路の動作点による分類

トランジスタ増幅回路の設計では、その用途に応じて動作点を決定する。動作点により A 級、AB 級、B 級、C 級、D 級の**動作級**に分類される。

- **A 級**:増幅回路が動作特性の直線部のみで動作するようにバイアス電圧を与えるもので、入力信号のすべての周期を増幅する。電力消費が大きいなど効率は悪いが、ひずみは最も少ない(図1)。
- **B 級**:入力信号の半周期のみを増幅する。曲線部で動作させるのでひずみが生じる。
- **AB 級**:A 級と B 級の中間の動作特性をもつようにバイアス電圧を与えたもの。
- **C 級**:入力信号の一部分の周期のみを増幅する。
- **D 級**:最も効率が良いがひずみが大きく、スイッチング動作をするためパルス状の信号が出力される。

3. 負荷線

トランジスタに負荷抵抗 R_L を接続したときのコレクタ電流 I_C とコレクタ−エミッタ電圧 V_{CE} の関係を示した直線を**負荷線**といい、$V_{CE} - I_C$ 特性曲線上に引く(図3)。

● 負荷線の引きかた

ⅰ)コレクタ−エミッタ電圧 V_{CE} を求める。

$$V_{CC} = V_{CE} + V_R \quad より、$$
$$V_{CE} = V_{CC} - V_R$$
$$= V_{CC} - I_C \cdot R_L \quad \cdots\cdots\cdots ①$$

ⅱ)$V_{CE} = 0$ となるときの I_C を求める。

①式において、$V_{CE} = 0$ とすると、

$$V_{CC} = I_C \cdot R_L$$

$$I_C = \frac{V_{CC}}{R_L}$$

で表される値がA点となる。

iii) $I_C = 0$ となるときの V_{CE} を求める。

①式において、$I_C = 0$ とすると、

$$V_{CE} = V_{CC}$$

で表される値がB点となる。

iv) 図3のA点とB点を結ぶ直線が負荷線となる。

4. 増幅度

増幅回路の入力の変化に対する出力の変化の度合いを示すものを**増幅度**といい、次の3つがある。増幅度を表す量記号には A を用いる。

・**電流増幅度**

$$A_i = \frac{i_o}{i_i} \quad (i_o：出力電流、\ i_i：入力電流)$$

・**電圧増幅度**

$$A_v = \frac{v_o}{v_i} \quad (v_o：出力電圧、\ v_i：入力電圧)$$

・**電力増幅度**

$$A_p = \frac{p_o}{p_i} = \frac{i_o \cdot v_o}{i_i \cdot v_i} = A_i \cdot A_v$$

$$(p_o：出力電力、\ p_i：入力電力)$$

図1　トランジスタ増幅回路の原理

● 増幅回路では V_{BB}、V_{CC} のバイアスが必要であり、直流と交流(入力信号)が重畳された信号となる。

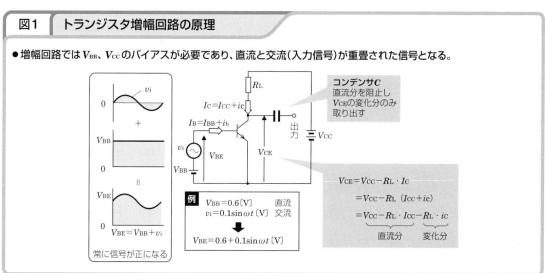

図2　動作点

● I_B、I_C は動作点を中心に変化する。

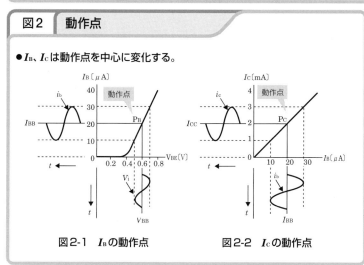

図2-1　I_Bの動作点　　図2-2　I_Cの動作点

図3　負荷線

● 負荷線を引くことにより、$I_C － V_{CE}$ の関係がわかる。

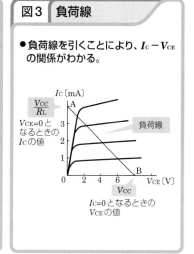

2-5 トランジスタのバイアス回路

1. 電源方式

トランジスタ回路にバイアス電圧を与える方法には、2電源方式と1電源方式がある（図1）。

(a)2電源方式

ベース電源V_{BB}とコレクタ電源V_{CC}の2つの電源によりバイアスを与える方式である。電源を2つ用意しなければならないので、大電力の増幅回路以外では用いられない。

(b)1電源方式

バイアス電源をV_{CC}のみで供給する方式である。V_{BE}はほぼ一定なので、R_Bの値を適当に選ぶことによって、必要なバイアス電流を得ることができる。一般に、この1電源方式が使用される。

2. バイアス回路

実際のトランジスタ回路では、1電源方式の**バイアス回路**が使用される。代表的なバイアス回路（表1）について以下に特徴を述べる。

(a)固定バイアス回路

コレクタ電源V_{CC}の電圧を抵抗R_Bで制御することによって、バイアス電流I_Bを得ている。

バイアス回路の構成が簡単であるが、周囲温度に対し動作が不安定であるので、高い信頼性が要求される回路には適さない。

抵抗R_Bはベースバイアス抵抗とよばれ、抵抗値は次の計算により求められる。

$$V_{BE} = V_{CC} - V_{RB} = V_{CC} - R_B \cdot I_B$$

$$\therefore \quad R_B = \frac{V_{CC} - V_{BE}}{I_B} \, [\Omega]$$

(b)自己バイアス(電圧帰還バイアス)回路

コレクターエミッタ間電圧V_{CE}をベースバイアス抵抗R_Bで降圧し、バイアス電圧V_{BE}、バイアス電流I_Bを得ている。

自己バイアス回路の特徴は、温度が上昇するとI_Cは増加するが、$(I_B + I_C)R_C = V_{RC}$の増加によりV_{CE}が減少、V_{BE}が減少、I_Bが減少となり、I_Cの増加を抑えるので温度に対する安定度はやや高い。

ベースバイアス抵抗R_Bは、その両端の電圧をV_{RB}とすれば、次のように求められる。

$$R_B = \frac{V_{RB}}{I_B} = \frac{V_{CE} - V_{BE}}{I_B}$$

$$= \frac{V_{CC} - (I_B + I_C)R_C - V_{BE}}{I_B} \, [\Omega]$$

(c)電流帰還バイアス回路

最もよく用いられるバイアス回路で、コレクタ電源V_{CC}の電圧を抵抗R_AとR_B（このR_AとR_Bをベースブリーダ抵抗という）で分圧し、そのV_{RA}と、抵抗R_Eによる電圧降下V_{RE}によりベース－エミッタ間電圧V_{BE}を得ている。抵抗の数が多くなるが、温度に対する安定度は高い。

・**R_Aの求めかた**

$$V_{RA} = R_A \cdot I_A$$

$$\therefore \quad R_A = \frac{V_{RA}}{I_A} = \frac{V_{BE} + V_{RE}}{I_A} \, [\Omega]$$

・**R_Bの求めかた**

$$V_{RB} = R_B(I_A + I_B)$$

$$\therefore \quad R_B = \frac{V_{RB}}{I_A + I_B} = \frac{V_{CC} - V_{RA}}{I_A + I_B}$$

$$= \frac{V_{CC} - V_{BE} - V_{RE}}{I_A + I_B} \, [\Omega]$$

・**R_Eの求めかた**

$$V_{RE} = R_E \cdot I_E$$

$$\therefore \quad R_E = \frac{V_{RE}}{I_E} = \frac{V_{RE}}{I_B + I_C} \, [\Omega]$$

(d)組合せバイアス回路

自己バイアス回路と電流帰還バイアス回路を組み合わせた回路で、温度に対する安定度は非常に高い。

図1　電源方式

● バイアス電圧の方法には、2電源方式と1電源方式があるが、実用的には1電源方式が用いられる。

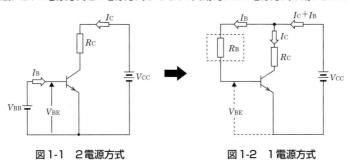

図1-1　2電源方式　　　　　　　　図1-2　1電源方式

表1　バイアス回路

(a)固定バイアス回路	(b)自己バイアス回路	(c)電流帰還バイアス回路	(d)組合せバイアス回路
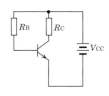	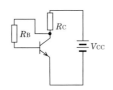	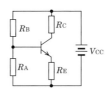	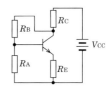
・回路構成が簡単。 ・温度に対する安定度が低い。	・回路構成が簡単。 ・温度に対する安定度がやや高い。	・回路構成が複雑。 ・温度に対する安定度が高い。	・回路構成が複雑。 ・温度に対する安定度が非常に高い。
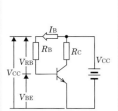	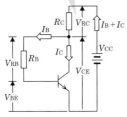	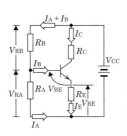	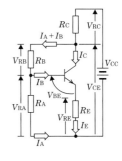
$R_B = \dfrac{V_{RB}}{I_B}$ $= \dfrac{V_{CC} - V_{BE}}{I_B}$	$R_B = \dfrac{V_{RB}}{I_B}$ $= \dfrac{V_{CE} - V_{BE}}{I_B}$ $= \dfrac{V_{CC} - V_{RC} - V_{BE}}{I_B}$ $= \dfrac{V_{CC} - (I_B + I_C) \cdot R_C - V_{BE}}{I_B}$	$R_A = \dfrac{V_{RA}}{I_A} = \dfrac{V_{BE} + V_{RE}}{I_A}$ $R_B = \dfrac{V_{RB}}{I_A + I_B} = \dfrac{V_{CC} - V_{RA}}{I_A + I_B}$ $= \dfrac{V_{CC} - V_{BE} - V_{RE}}{I_A + I_B}$ $R_E = \dfrac{V_{RE}}{I_E} = \dfrac{V_{RE}}{I_B + I_C}$	$R_A = \dfrac{V_{RA}}{I_A} = \dfrac{V_{BE} + V_{RE}}{I_A}$ $R_B = \dfrac{V_{RB}}{I_A + I_B} = \dfrac{V_{CC} - V_{RC} - V_{RA}}{I_A + I_B}$ $= \dfrac{V_{CC} - (I_A + I_B + I_C) R_C - V_{BE} - V_{RE}}{I_A + I_B}$ $R_E = \dfrac{V_{RE}}{I_E} = \dfrac{V_{RE}}{I_B + I_C}$

(b)の図中の注記: Vccは一定なのでVRCが増加すればVCEは減少

2-6 トランジスタのスイッチング動作

1. トランジスタのスイッチング動作

(a)遮断状態

図1-1のようなエミッタ接地のトランジスタ回路において、ベース電流 I_B を0にすると、コレクタ電流 I_C は0となり、負荷抵抗 R_L の電圧降下がなくなるので、コレクタ-エミッタ間電圧 V_{CE} は電源電圧 V_{CC} と等しくなる。

しかし、トランジスタがOFFの状態でもまったく電流が流れないのではなく、実際には微小な電流が流れるので、$I_C \fallingdotseq 0$ である。この $I_B = 0$ のときに流れる微小なコレクタ電流を**コレクタ遮断電流**という。

(b)飽和状態

I_B を増加していくと I_C の増加はある値で止まり、それ以上 I_B を増やしても I_C は増加しなくなる。この状態を**飽和**(Saturation)といい、このときのコレクタ-エミッタ間の電圧を V_{CES} で表す。

遮断状態および飽和状態を $I_C - V_{CE}$ 特性図で示すと、図1-2の斜線の部分になる。

(c)スイッチング動作

$I_C - V_{CE}$ 特性図中で、点Aから点Bの領域は**活性領域**あるいは**能動領域**とよばれ、I_B が増加すると I_C も増加する領域であり、トランジスタの増幅回路ではこの領域を使用する。

これに対し、スイッチング動作を行う回路では、**遮断領域**と**飽和領域**のみを利用する。

遮断領域では、コレクタ-エミッタ間に高抵抗が存在するのと同様でコレクタ電流が流れない。この状態をスイッチがOFFの状態とする。

一方、飽和領域では、コレクタ-エミッタ間が短絡されているのと同様でコレクタ電流が流れる。この状態をスイッチがONの状態とする。

トランジスタのスイッチング動作はパルス波の発振回路や論理回路などに利用される。

2. トランジスタの論理回路

トランジスタのスイッチング動作を利用して論理回路素子をつくることができる。論理回路のトランジスタとしては、一般にスイッチングの高速性に優れ、温度変化の影響に強いnpn形トランジスタが使用される。

●NOT回路

図2-1は、入力と出力の電圧が反転するNOT回路で、次のような動作をする。

スイッチSが開いた状態(OFF)では、I_C が流れないためトランジスタは遮断されたままで、出力端子Fには $+E$ 電圧が出力される。

スイッチSを閉じた状態(ON)では、I_C が流れてF端子が0電位となり、出力は0となる。

●NOR回路

ここで、図2-2のトランジスタ回路において、端子a、bに表1の波形を入力したとき、端子cに出力される波形を求めてみる。トランジスタのベースへの入力をd点とし、入力端子aおよびbの波形の組み合わせに対するd点の電位を調べることにより求めることができる。

① 端子aの電位が0V、端子bの電位が0Vのとき、d点の電位は0V、ベース-エミッタ間電圧も0Vとなり、ベース電流が流れないので、トランジスタはOFFとなる。したがって、出力端子cには $+5V$ が現れる。

② 端子aまたはbのいずれかの電位が $+5V$ のとき、ベースに飽和電流が流れるように R_1 と R_2 の値を選べば、トランジスタはONになる。したがって、コレクタ抵抗による電圧降下によって、出力端子cは0Vとなる。

この回路は、入力端子a、bのいずれもが0Vである場合にのみ出力端子に $+5V$ が現れるので、出力される波形は表2-2のようになる。

　＋5Vを論理状態"1"に、0Vを論理状態"0"に
対応させると、この回路は論理回路のNOR回路

になる。

図1 **トランジスタのスイッチング動作**

● トランジスタのスイッチング動作は、遮断領域と飽和領域を使用する。

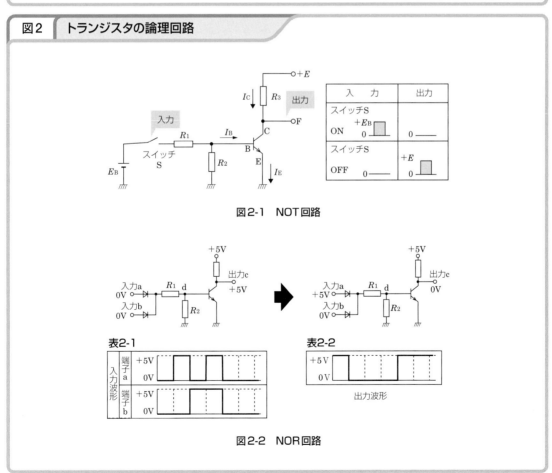

図1-1　エミッタ接地のトランジスタ回路　　　図1-2　遮断領域と飽和領域

図2 **トランジスタの論理回路**

図2-1　NOT回路

表2-1

表2-2

図2-2　NOR回路

1. 特殊用途ダイオード

(a)定電圧ダイオード(ツェナーダイオード)

pn接合に逆方向電圧を加え、その電圧を徐々に高くしていくと、突然、それまでほとんど流れなかった電流が急激に増加し始める。この現象を**ツェナー降伏現象**といい、この現象が起こる電圧を**降伏電圧**または**ブレークダウン電圧**という。ツェナー降伏現象により電流が急激に増加する領域では、広い電流範囲で電圧を一定に保たれる。これは定電圧回路などに利用される。

(b)可変容量ダイオード

コンデンサの働きをするダイオードで、pn接合に加える逆方向電圧を制御することにより、静電容量を変化させることができる(→1-2)。

(c)トンネルダイオード(エサキダイオード)

通常のダイオードに比べてp形、n形の不純物濃度を極端に高くしたもので、**トンネル効果**とよばれる電流-電圧特性をもつ。

表1(右)において、電圧が小さい範囲N→O→Pでは、導体の接合と同じ順方向特性を示すが、さらに順方向電圧を増加させていくと、P→Qの過程を経て一般のpn接合と同じ順方向特性に戻る。P→Qの特性を**負性抵抗特性**といい、高速性に優れているのでマイクロ波の発振素子や論理素子に使われる。

2. 各種半導体素子

(a)サーミスタ

抵抗値が温度変化に対して著しく変化する半導体素子であり、温度特性が負(温度が上昇すると抵抗が減少する)の**NTC**と、温度特性が正(温度が上がると抵抗が増加する)の**PTC**に分けられる。一般にはNTCのものが使用されるが、保安装置などにはPTCが使用されることもある。

温度に対する抵抗値の変化率を示す温度係数の絶対値は、金属に比べるとおよそ10倍大きい。また、サーミスタへの熱伝達の方法により、**直熱形**と**傍熱形**の2種類に分類できる。

用途としては、温度センサや電子回路の温度補償、電流制限、回路保護、モーターの起動などがある。

(b)バリスタ

pn接合の順方向特性を双方向にもつ素子で、シリコンカーバイド(炭化けい素)を焼結して作られている。この素子の電圧-電流特性は点対称となっており、加わる電圧が低いときは高抵抗で電流が流れにくいが、電圧が上昇してある値になると抵抗値が減少して急激に電流が流れ出す。

用途としては、端末機器中の衝撃性雑音(クリック)吸収回路や、送話レベル、受話レベルの自動調整回路などがある。

(c)3極逆阻止サイリスタ(nゲート、pゲート)

最初に開発したGE社の製品名をとってSCR(シリコン制御整流素子)ともよばれている。小さな電力で大きな電力を制御でき、スイッチング動作が速い特徴がある。

p形半導体とn形半導体を交互に重ねて4層にし、端のp層に**アノード**(A)、反対側のn層に**カソード**(K)、途中のp層またはn層に**ゲート**(G)という3つの端子を取り付けた構造になっている。現在はp層にゲート電極を取り付けた**pゲート形**のものが多く使用されている。

pゲート形の3極逆素子サイリスタにおいて、アノード-カソード間に順方向(アノード側に+、カソード側に-)の電圧を加えても、途中の接合部で阻止され遮断状態であるため電流は流れないが、ゲート-カソード間に順方向の電圧を加えるとアノード-カソード間が導通状態となり電流が流れる(**ターンオン**または**点弧**という)。いったんアノー

ドーカソード間が導通状態になれば、ゲートーカソード間の電圧を0にしたり逆方向にかけたりしても、アノードーカソード間の電流は流れ続ける。再び遮断状態に戻す(**ターンオフ**または**消弧**という)ためには、アノードーカソード間の電圧を0または逆方向にする必要がある。

(d)トライアック

2個の3極逆素子サイリスタを逆方向に並列に組み合わせたものと同じ動作をする素子で、双方向サイリスタともよばれている。

(e)GTO

ゲートに印加する電圧によりターンオン・ターンオフの切り替えができるようにした自己消弧形のサイリスタである。

(f)npnアバランシトランジスタ

コレクタ接合での**電子なだれ降伏現象**(高電界により電子が加速され、連鎖反応的に電流が増加する)を利用し、電流増幅を行うトランジスタである。光信号を電気信号に変換する光検出素子などに使用される。

表1	特殊用途ダイオード

名称	定電圧(ツェナー)ダイオード	可変容量ダイオード	トンネルダイオード
図記号			
特徴	シリコンを使用したダイオード。逆方向に電圧を加えると降伏現象を起こし、広い電流範囲にわたり逆方向電圧を一定に保つ。定電圧電源回路に利用される。	pn接合に逆方向電圧を加えるとpn接合面の空乏層が広がり、これが絶縁体となりコンデンサの働きをする。共振回路などに利用される。	トンネル効果による負性抵抗を利用し、高周波発振素子、高速スイッチング素子などに利用される。

表2	各種半導体素子

名称	サーミスタ	バリスタ	トライアック
図記号			
特徴	一般に負の温度係数(NTC)のものが使用され、温度センサや電子回路の温度補償に利用される。	電圧ー電流特性が点対称になる。過電圧の抑制、雑音の吸収を行う回路に利用される。	pn接合を5層構造にした素子で、ゲート(G)電流によりオン・オフの2つの安定した状態を制御する。

名称	3極逆阻止サイリスタ(nゲート)	3極逆阻止サイリスタ(pゲート)	npn形アバランシトランジスタ
図記号			
特徴	サイリスタはSCR(シリコン制御整流素子)ともよばれ、pn接合の4層構造の素子でオン・オフの2つの安定状態をもつ。	●nゲート ●pゲート	コレクタ接合での電子なだれ降伏現象を利用し、電流増幅を行うトランジスタ。

3-2 光ファイバ通信システムに用いる半導体素子

1. 光ファイバ通信システム

　図1は、光ファイバ通信システムの基本構成を示したものである。端末から送出された電気信号は、電気→光変換器で光の強弱の信号に変換されて光ファイバに送り込まれる。信号が受信側に到達すると、光→電気変換器により電気信号に戻され、各受信端末へ届けられる。

　このように、光ファイバ通信システムでは、通信システムの入口および出口で電気信号と光信号を相互変換する必要があり、その変換には半導体素子が用いられている。

2. 発光素子

　電気信号を光信号に変換する素子で、**発光ダイオード（LED）**や**半導体レーザダイオード（LD）**などがある。図2は発光ダイオードの図記号を示したものである。

(a)発光ダイオード(Light Emitting Diode)

　p形半導体とn形半導体の間に極めて薄い活性層を挟み、境界をヘテロ接合（組成の異なる2種類の半導体間での接合状態）した構造になっている（図3）。順方向電流を流すとpn接合面から光を放出する。この光は、n形層からの自由電子とp形層からの正孔が活性層で再結合する際に発生するエネルギーに相当するものである（図4）。

　主に短・中距離の通信システムの電気→光変換器に使用される。

(b)半導体レーザダイオード(Laser Diode)

　p形半導体とn形半導体の間に極めて薄い活性層を挟み、光の波長の整数倍の長さに切断した両面を反射鏡とした構造を持っている（図5）。活性層の間に閉じこめた光を誘導放射により増幅し共鳴させることでレーザ発振を起こさせて、そのレーザ光の一部を放出する。

比較的長距離の通信システムの電気→光変換器に使用される。

(c)分布帰還型レーザダイオード(DFB-LD)

　図6のように、活性層に沿って波状構造の回折格子を形成することにより、LDよりも発振スペクトル幅を狭くし、高速な伝送を可能にした発光素子である。

3. 受光素子

　光信号を電気信号に変換する素子で、**ホトダイオード（PD）**、**アバランシホトダイオード（APD）**、**ホトトランジスタ**などがある。図7はホトダイオードの図記号を、図8はホトトランジスタの図記号を示したものである。

(a)ホトダイオード(Photo Diode)

　逆方向電圧を加えたpn接合に光を照射すると、光のエネルギーによって少数キャリアがつくられ、逆方向電流が増加する。

(b)pinホトダイオード(PIN-PD)

　PDの一種で、真性半導体に近い半導体の層（i形層）を不純物濃度の高いp形層とn形層で挟んだ構造の受光素子である（図9）。応答速度が速いことから、通信システムに多く用いられている。

　また、アバランシホトダイオードのような電流増幅作用はないが、雑音は小さい。

(c)アバランシホトダイオード(Avalanche Photo Diode)

　電子なだれ増倍作用を利用することによりPDよりも大きな電流を取り出すことのできる受光素子で、一般に、pn接合のp形層の外側に不純物濃度の高いp形半導体を接合した構造をとる（図10）。ホトダイードと同様な動作をするが、高速応答性に優れている。光によって発生した電子を半導体の接合部に存在する電子の山に勢いよく衝突させて、電子なだれを発生させることにより大きな

電流を得ることができる。

　長距離の通信システムの光→電気変換器での使用に適した素子である。

(d)ホトトランジスタ

　光によってON/OFFの制御を行うことができるトランジスタである。エミッター-コレクタ間に電圧を加えておき、コレクター-ベース接合（CB接合）面に光を照射すると、ベース電流が流れてトランジスタが導通状態になり、コレクタ電流が流れる。トランジスタであるため増幅作用があり、ホトダイオードよりも光電変換効率が高い。

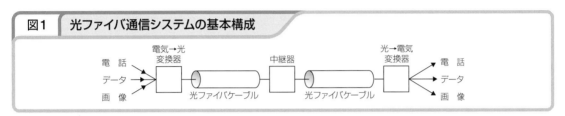

図1　光ファイバ通信システムの基本構成

図2　発光ダイオード

電気信号を光信号に変換する素子（発光素子）で、順方向に電流を流すとpn接合面より光を発生する。

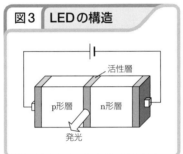

図3　LEDの構造

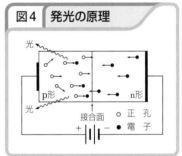

図4　発光の原理

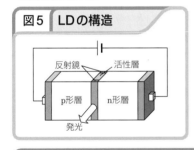

図5　LDの構造

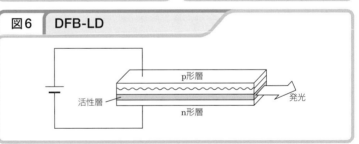

図6　DFB-LD

図7　ホトダイオード

光信号を電気信号に変換する素子（受光素子）で、pn接合面に光を当てると逆方向電流が流れる。

図8　pnp形ホトトランジスタ

一般のトランジスタのベース領域に加える電圧の代わりに、ベースコレクタ間のpn接合面に光を当てることで電流の流れをつくり増幅する。

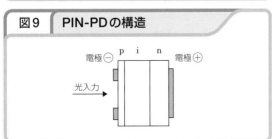

図9　PIN-PDの構造

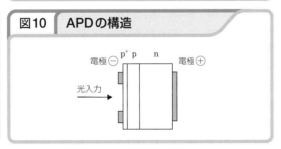

図10　APDの構造

3-3 電界効果トランジスタ(FET)

1. 電界効果トランジスタ(FET)の特徴

一般にトランジスタといえば**バイポーラ形トランジスタ**(BJT：Bipolar Junction Transistor)のことを指す。バイポーラ(bi-polar)とは、2つの極という意味であるが、これは電子と正孔の2極性のキャリアで動作することからつけられた名前である。

これに対し、**電界効果トランジスタ**(FET：Field Effect Transistor)は、動作に寄与するキャリアに電子または正孔のどちらか1方のみを用いるので、**ユニポーラ**(uni-polar)**形トランジスタ**とよばれている。

FETは**ドレーン**(D)、**ゲート**(G)、**ソース**(S)の3つの電極を持ち、ゲートに加えた電圧で電界をつくり、その電界を変化させることで出力電流を制御する。このような素子を**電圧制御素子**という。

FETは、バイポーラ形トランジスタに比べて**高入力抵抗**($10^8 \sim 10^{13}\ \Omega$)である、入力電流が不要なため消費電力が少ないなどの長所がある。

2. FETの動作原理 (図2)

n形半導体の両端にドレーン(D)電極とソース(S)電極を接続してドレーン→ソース方向に電圧をかける。この状態でドレーン電極の電圧を変化させていくと、ドレーン-ソース間電圧 V_{DS} とドレーン電流 I_D の関係は定抵抗性を示す。

次に、このn形半導体に電流の流れる方向に対して垂直になるように、p形半導体を両側から接合する。このp形半導体に電極を接続したものがゲート(G)である。

このゲートに逆方向電圧を加えると、n形領域のpn接合面の空乏層が広げられる。空乏層はキャリアが存在しない部分なので、空乏層が大き

くなればドレーンからソースに向かって流れるドレーン電流の通路(**チャネル**という。)の幅が狭められる。さらにゲート電圧を高くしていくとチャネルを流れる電流は減少し、ついに電流は0になる。この電流が0になる点を**カットオフ点**という。

このように、FETではゲート電圧を変化させることによりドレーン電流を制御する。

3. 構造による分類

FETは構造および制御の違いにより、**接合形**と**MOS形**とに分類される。それぞれ**nチャネル形**と**pチャネル形**があるが、電流の通路となる半導体がn形半導体であるものをnチャネル形といい、p形半導体であるものをpチャネル形という。nチャネル形の電圧の与え方は、ソースを接地してドレーンに正、ゲートに負の電圧を印加する。また、pチャネル形ではドレーンに負、ゲートに正の電圧を印加する。

(a)接合形FET (表1)

ゲート電極にp形またはn形の半導体を直接接合したFETである。pn接合に生じる空乏層の厚さにより電流を制御する。

(b)MOS形FET (表2)

MOS(Metal Oxide Semiconductor)形FETは絶縁ゲートともよばれ、ゲート電極と半導体との間に $0.1\ \mu\mathrm{m}$ 程度の薄い酸化被膜層を挟んで絶縁したFETである。

nチャネル形のMOS形FETでは、ドレーンおよびゲートに正電圧、ソースに負電圧を加えると、p形のシリコンの表面部分が逆の形に反転して薄いn形の層ができ、このn形層がチャネルとなる。そして、ゲートに加えた電圧によってチャネルの厚さを変化させ、電流を制御する。

同様にpチャネル形の場合はドレーンとゲートに負、ソースに正の電圧を加えると、n形シリコン

の表面部分が逆の形に反転し、薄いp形の層ができる。また、ゲート電圧V_{GS}とドレーン電流I_Dの

特性の違いから、デプレション形とエンハンスメント形がある。

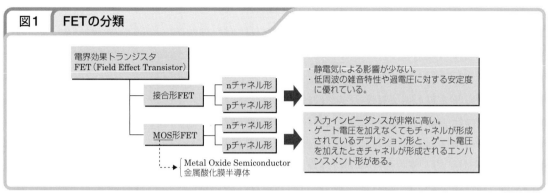

図1　FETの分類

図2　FETの動作原理

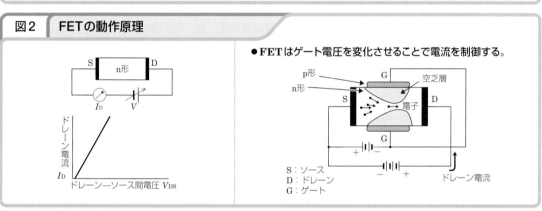

●**FET**はゲート電圧を変化させることで電流を制御する。

S：ソース
D：ドレーン
G：ゲート

表1　接合形FET

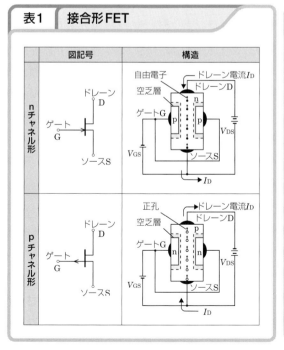

表2　MOS形FET

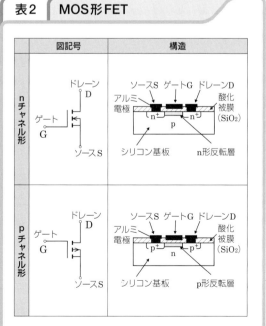

3-4 半導体集積回路(IC)

1. 半導体集積回路(IC)

集積回路は一般にIC（Integrated Circuit）とよばれ、数mm角程度の小さな半導体基板中あるいは表面上に分離不能な状態で、トランジスタ、ダイオード、抵抗およびコンデンサなどの回路素子を複数個接続して、高密度に実装した回路である（図1）。

抵抗およびコンデンサは受動素子である。抵抗は半導体表面上の不純物拡散層や不純物注入層、または絶縁膜状の多結晶半導体膜等で形成される。また、コンデンサはpn接合あるいはMOS構造でつくられる。

集積度により呼び方があり、素子数が1チップあたり数千〜数万個程度のものを一般にLSI、10万個を超えるものを超LSI（VLSI）、1,000万個を超えるものをULSIと呼んできたが、最近ではこのように区別して呼ぶことは一般的でなくなりつつある。

素子をIC化することにより、次のような利点が得られる。
①高密度に集積してあるので、小型、軽量化が可能。
②ハンダ付け部分がないので、信頼性が高い。
③動作電流が小さいので、消費電力が少ない。
④大量生産により、生産コストを安くできる。

2. 製造方法による分類 (図2、表1)

(a)半導体集積回路(モノリシックIC)

シリコンやガリウムひ素（GaAs）の基板上に多数のpn接合をつくり、このpn接合の組合せによってトランジスタやダイオードなどの回路素子を構成している。

デバイス技術の面からみると、バイポーラ形ICとMOS形ICに分類できる。

また、バイポーラ形ICは動作領域の違いにより、飽和形ICと不飽和形ICに分類できる。

(b)膜集積回路(膜IC)

ガラスやセラミックス製の基板上に抵抗やコンデンサなどの素子を構成したもので、モノリシックICに比べて抵抗値や精度の高い抵抗を容易に作成できる。しかし、トランジスタなどの能動素子をつくることは困難である。

膜集積回路は、膜の厚さおよび製法から厚膜ICと薄膜ICに分類できる。

(c)混成集積回路(ハイブリッドIC)

モノリシックICと膜ICの長所を組み合わせたもので、膜IC上にモノリシックIC、トランジスタなどを直接取り付けてIC化したものである。

膜ICでは困難であった能動素子をIC化でき、大電力で動作する回路も可能である。

3. 回路の方式、使用目的による分類

(a)アナログIC

リニア集積回路ともいい、プレーナ形トランジスタと同様な製造技術でトランジスタ等の能動素子も抵抗等の受動素子も一体としてつくられる。集積度を高めるのは比較的難しい。

(b)デジタルIC

デジタル信号を扱う論理回路や記憶素子に用いる。アナログICに比べ高集積化が容易である。

4. 記憶素子 (図3)

一般にメモリとよばれ、情報の一時的な記憶やプログラムの格納を行う。電子化電話機や各種端末の回路にも多く使用されている。

(a)RAM(Random Access Memory)

読み書き可能なメモリをいう。CPUと連係して各種の演算処理を行う際に必要である。通常、電源がOFFになるとメモリの内容は消去される。

RAMは、記憶保持動作が不要な**SRAM**（Static RAM）と、メモリセルの構造上電源ON時でも一定時間ごとに情報が消失するため記憶保持動作が必要な**DRAM**（Dynamic RAM）に分類される。

(b)ROM(Read Only Memory)

製造時に情報を記録しておき、以後は書き換えのできないようにした読出し専用のメモリをいう。変更の必要がない情報やプログラムを格納しておく。PROMやEEPROMと区別するために、とくに「**マスクROM**」と呼ぶことも多い。

(c)PROM(Programmable ROM)

機器に組み込む前にユーザが手元で情報の書込みを行い、記憶内容の読出し専用のメモリとして使用するものをいう。情報の書込みが1回だけ可能なワンタイムPROMと、データの書込みや消去が繰り返し可能なEPROMがある。

●EPROM(Erasable PROM)

紫外線の照射により情報を消去し、再書込みが可能なPROMをいう。現在ではEEPROMと区別するため一般にUV－EPROMと呼ばれる。

●EEPROM(Electrically EPROM)

データの電気的な書込みおよび消去が可能なメモリをいう。電源をOFFにしてもメモリの内容は保持される。書込み・消去が可能な回数は数十万回程度である。パーソナルコンピュータのBIOS（Basic Input-Output System）プログラムを格納するメモリなどに利用される。

EEPROMではデータを書き換えるのにすべてのデータをいったん消去しなければならなかったが、これを改良してブロック単位の書換えができるようにしたものを**フラッシュメモリ**という。

図1	集積回路の構成例

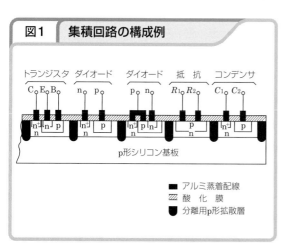

図2	製造方法による分類

表1	モノリシックICと膜ICの比較

	モノリシックIC	膜IC
回路素子	能動素子、抵抗、コンデンサ	抵抗、コンデンサ、コイル
素子密度	大きい	中くらい
R, Cの値の範囲	狭い	広い
電力	小さい	大きい
価格	安い	少し高い
量産化	きわめて良い	少し劣る

図3	記憶素子

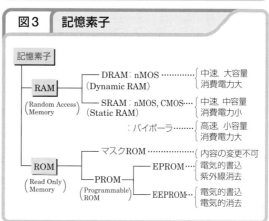

参照

問1

次の各文章の _____ 内に、それぞれの [　] の解答群の中から最も適したものを選び、その番号を記せ。

(1) 半導体は、一般に、温度が _____ なると抵抗が小さくなる。
[① 低く　② 高く　③ ある特定値に]

☞70ページ
1　半導体の性質

(2) _____ 形半導体は、電気伝導が正孔によって行われる半導体である。
[① 電流制御　② 電圧制御　③ n
④ p　　　　⑤ 接　合]

☞70ページ
3　半導体の種類

(3) 半導体中でキャリアの濃度に変化があると、キャリアは、_____ により全体として一様な濃度になろうとする。
[① 化学反応　② 熱伝導　　③ 電気伝導
④ 拡　散　　⑤ 熱じょう乱]

☞72ページ
1　pn接合の整流作用

(4) ダイオードに関する次の二つの記述は、_____ 。
A　定電圧ダイオードは、逆方向に加えた電圧がある値を超えると急激に電流が増加するツェナー現象を生じ、広い電流範囲で電圧を一定に保つ特性を有する。
B　可変容量ダイオードは、コンデンサの働きを持つダイオードで、pn接合ダイオードに加える逆バイアス電圧を制御することにより、その容量を変えることができる。
[① Aのみ正しい　　② Bのみ正しい
③ AもBも正しい　④ AもBも正しくない]

☞72ページ
4　ダイオードの種類

(5) ダイオードの動作特性を利用して、入力波形のある設定値以上（又は以下）の部分を取り除く機能を持つ回路を _____ という。
[① スライサ　　② クリッパ　　③ ゲート回路
④ 負帰還回路　⑤ クランプ回路]

☞74ページ
2　波形整形回路

(6) _____ に示す回路に、図1に示す波形の入力電圧 V_I を加えると、出力電圧 V_O は、図2に示すような波形となる。ただし、ダイオードは理想的な特性を持ち、$|V| > |E|$ とする。

☞74ページ
2　波形整形回路

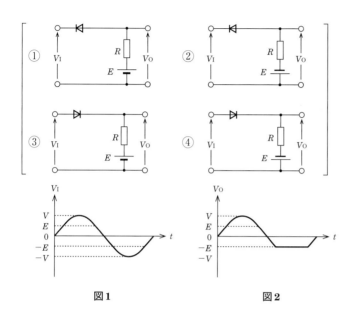

図1　　　　　　　　図2

問2

　次の各文章の 　　　　　 内に、それぞれの [　　]の解答群の中から最
も適したものを選び、その番号を記せ。

(1)　トランジスタに電流を加えて、ベース電流が30マイクロアンペア、エ
ミッタ電流が2.50ミリアンペア流れているとき、コレクタ電流は、
　　 ミリアンペアとなる。

　　[①　2.20　　②　2.47　　③　2.58　　④　2.80]

☞76ページ

3　電流の関係

(2)　図に示すトランジスタ増幅回路の接地方式は、 　　　　 接地であ
る。

　　[①　エミッタ　　②　ベース　　③　コレクタ]

☞78ページ

1　接地方式

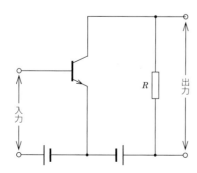

(3) トランジスタの各種接地増幅回路の特性に関する次の二つの記述 　☞78ページ
は、□□□□□。 　1　接地方式

A　エミッタ接地増幅回路は、入力インピーダンスが高く、出力イン
ピーダンスが低いので、インピーダンス変換回路に用いられる。

B　ベース接地増幅回路は、他の接地増幅回路に比べ、高周波帯域で
の増幅特性が安定している。

［①　Aのみ正しい　　②　Bのみ正しい
③　AもBも正しい　④　AもBも正しくない］

(4) 図1に示す回路において、ベースとエミッタ間に正弦波の入力信号電 　☞80ページ
圧V_Iを加えたとき、コレクタ電流I_Cが図2に示すように変化した。I_Cと 　3　静特性（エミッタ接地）
コレクター-エミッタ間の電圧V_{CE}との関係が図3に示すように表される
とき、このトランジスタ回路の電圧増幅度を40とすれば、V_Iの振幅は、
□□□□□ミリボルトである。

［①　35　　②　40　　③　50　　④　60　　⑤　65］

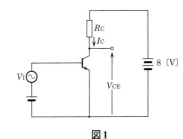

図1

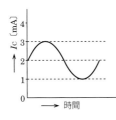

図2

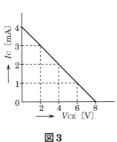

図3

(5) トランジスタ増幅回路の種類をその動作点によって分類すると、そ 　☞82ページ
の一つとして、増幅回路が動作特性の直線部のみで動作するようにバ 　2　動作点
イアス電圧を与える□□□□□増幅回路がある。

［①　A級　　②　AB級　　③　B級　　④　C級］

(6) エミッタ接地トランジスタ回路において、□□□□□を得るために必 　☞84ページ
要な抵抗R_Eをエミッタに接続した電流帰還バイアス回路では、入出力 　2　バイアス回路

信号の損失を防ぐため、R_Eに並列にコンデンサを接続する。

```
① 通　過　　　② ベースとエミッタ間のバイアス電圧
③ バイパス　　④ 増　加
⑤ コレクタとベース間のバイアス電圧
```

問3

次の各文章の　　　　　内に、それぞれの[　　　　]の解答群の中から最も適したものを選び、その番号を記せ。

(1)　バリスタは、　　　　　の吸収、雑音吸収、温度補償等に使用される。

[① 高周波　　② 過電流　　③ 磁　界　　④ 過電圧]

☞88ページ
2　各種半導体素子

(2)　ホトダイオードとホトトランジスタについて述べた次の二つの記述は、　　　　　。

A　pinホトダイオードは、電流増幅作用を有するため、アバランシホトダイオードに比較して光電変換効率が良い。

B　ホトトランジスタは、コレクタ−ベース接合（CB接合）面に光を当てるとベース電流が変化し、トランジスタにより電流が増幅されるので、ホトダイオードよりも光電変換効率の高い増幅器として機能する。

```
① Aのみ正しい　　② Bのみ正しい
③ AもBも正しい　④ AもBも正しくない
```

☞90ページ
3　受光素子

(3)　電界効果トランジスタは、電子又は正孔のどちらかをキャリアとするので、　　　　　形トランジスタともいわれる。

[① ユニポーラ　　② バイポーラ　　③ 電圧帰還]

☞92ページ
1　電界効果トランジスタ(FET)
　の特徴

(4)　電界効果トランジスタの特性などについて述べた次の二つの記述は、　　　　　。

A　電界効果トランジスタは、ドレーン電極に加えた電圧で電界を作り、その電界を変化させることにより、出力電流が制御できることから、電流制御形素子といわれる。

B　接合形電界効果トランジスタは、MOS形電界効果トランジスタと比較して雑音が少なく、静電気による影響も少ないという特長を有する。

```
① Aのみ正しい　　② Bのみ正しい
③ AもBも正しい　④ AもBも正しくない
```

☞92ページ
1　電界効果トランジスタ(FET)
　の特徴
☞93ページ
図1　FETの分類

(5)　ICメモリのうち、[　　　　　]は、書換え可能なメモリであるが、メモリ
　　セルの構造上、電源ON時でも一定時間ごとにデータが消失するため、
　　データの消失前に一定時間ごとに再書き込みを行う必要があることか
　　ら、一般に、揮発性メモリといわれる。

☞94ページ
4　記憶素子

```
┌ ① フラッシュメモリ    ② SRAM      ③ マスクROM ┐
└ ④ DRAM           ⑤ PROM                  ┘
```

⸻

解答

問1－(1)②　(2)④　(3)④　(4)③　(5)②　(6)④
問2－(1)②　(2)①　(3)②　(4)③　(5)①　(6)②
問3－(1)④　(2)②　(3)①　(4)②　(5)④

⸻

解　説

問1

(6)　図2より、V_Iが遮断されるとV_Oが電池の電圧Eと等し
　　くなる回路が該当する。
　　①：V_Iが$+E$〔V〕を超えると遮断される。
　　②：V_Iが$-E$〔V〕を超えると遮断される。
　　③：V_Iが$+E$〔V〕を下回ると遮断される。
　　④：V_Iが$-E$〔V〕を下回ると遮断される。
　　したがって、正解は④の回路。

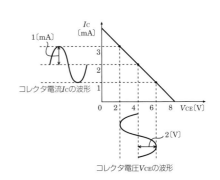

コレクタ電流I_Cの波形
コレクタ電圧V_{CE}の波形

問2

(1)　$I_E = I_C + I_B$より、$I_C = I_E - I_B$。ここで、単位をミリアン
　　ペア（mA）に統一して、
$$I_C = I_E - I_B = 2.50 - 30 \times 10^{-3}$$
$$= 2.50 - 0.03 = \textbf{2.47}〔\textbf{mA}〕$$

(4)　図2より、I_Cは、2mAを中心に振幅1〔mA〕で変化し
　　ていることがわかる。このとき、V_{CE}は4Vを中心に振幅
　　2〔V〕で変化することが図3より読み取れる。

ここで、電圧増幅度＝出力電圧÷入力電圧で表される
から、
$$入力電圧＝出力電圧÷電圧増幅度$$
$$= 2 \times 10^3〔mV〕÷ 40$$
$$= \textbf{50}〔\textbf{mV}〕$$

3

論理回路

　本章で学習する論理回路は、一般にコンピュータを構成するデジタル回路の基礎理論となるものである。

　このデジタル回路は0と1の2値で表現される論理素子から構成され、電話機や各種端末の制御部分にも多く用いられている。

　本章では、まず、2進数・16進数などデジタル表現の方法を学び、次いで、論理回路設計の基礎となるベン図、論理代数（ブール代数）の扱い方を学び、さらにAND・OR・NOTなど論理回路を構成する基本素子についての動作や、それらを組み合わせた論理回路の動作について学習する。

1 論理演算

1-1 デジタル量の表現方法

1. デジタル量と数値表現

(a)デジタル量

物理現象の数量表現には、連続した量である**アナログ量**と、離散した量である**デジタル量**の2通りがある。

アナログとは、JISによれば、「連続的に可変な物理量、連続的な形式で表現されたデータおよびそのデータを使う処理過程または機能単位に関する用語」とされている。アナログ量は、たとえば図1に示す自動温度記録計(温度による膨張率の異なる2枚の金属板を貼り合わせその曲がり具合で温度を記録するバイメタル自動温度計など)により記録された温度変化のグラフのように、連続した曲線で表される。

一方、デジタルとは、「数字によって表現されるデータおよびそのデータを使う処理過程または機能単位に関する用語」とされている。図2のように、一定時間ごとにその瞬間の温度を測定し、その値を記録したものは、デジタル量に該当する。

(b)10進数と2進数

デジタル量の表現には、一般に、**10進数**を用いる。10進数は、基数を10とした数値の表現方法で、一般の日常生活で使用されている。「0」から「9」の10種類の数字を用いて数値を表現し、右から見て$n+1$桁目の数字はn桁目の数字の10倍の量を表す。

一方、コンピュータなどの電子回路でデジタル量を扱う場合には**2進数**を用いる。これは基数を2とした数値の表現方法で、「0」と「1」の2種類の数字のみで数値を表現し、右から見て$n+1$桁目の数字はn桁目の数字の2倍の量を表す。

2進数と10進数は相互に変換することができる。たとえば、10進数の「2」は2進数では「10」であり、2進数の「11」は10進数では「3」である。

なお、何進数の数値表現であるかを明確にするために、10進数を$(100)_{10}$、2進数を$(1100100)_2$のように表記することがある。

(c)2進数から10進数への変換

2進数のそれぞれの桁に、下位(右端)から順に2^0、2^1、2^2、2^3、…、2^nを対応させ、これに2進数の各桁の数字(1または0)を掛けて、総和を求める。

(d)10進数から2進数への変換

10進数で表された数値を2で割って商と余りを求め(余りは必ず0か1のどちらかの値になる)、さらにその商を2で割って商と余りを求め、これを商が0になるまで繰り返す。商が0になったら余りを逆順に(後から求められた余りを上位桁として左から順に)並べる。

(e)8進数と16進数

デジタル量の表現には、2進数のほかに、8進数や16進数を用いることがある。16進数では、1桁に16種類の数字が必要になるので、9より大きい値にはA、B、C、D、E、Fを用いる。

2. 2進数の加算、乗算

(a)2進数の加算(和を求める方法)

10進数では、1と1を足し合わせると2になる($1+1=2$)。しかし、2進数では、1と1を足し合わせると桁が上がり10となる($1+1=10$)。したがって、2進数の加算は、最下位の桁の位置(右端)を揃えて、下位の桁から順に桁上がりを考慮しながら行う必要がある。たとえば、8桁の2進数10011101と9桁の2進数101100110を足し合わせると、図4のようになる。

(b)2進数の乗算(積を求める方法)

10進数と同様に、$0 \times 0 = 0$、$0 \times 1 = 0$、$1 \times 0 = 0$、$1 \times 1 = 1$となる。したがって、6桁の2進数100011に5桁の2進数10101を掛けたときは、図5のようになる。

| 図1 | アナログ式記録計によるグラフ |

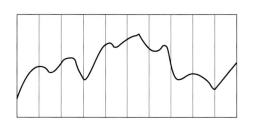

アナログは連続量を表す。

| 図2 | デジタル式記録計によるグラフ |

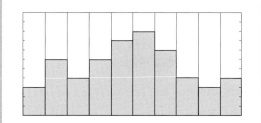

デジタルは離散的な量を表す。

| 図3 | 基数変換 |

● **2進数から10進数への変換**

2進数の1101を10進数表示に変換する。

$$1\ 1\ 0\ 1\ =\ 2^3 \times 1 + 2^2 \times 1 + 2^1 \times 0 + 2^0 \times 1$$
$$=\ 8 + 4 + 0 + 1 = 13$$

2^3 2^2 2^1 2^0
の　の　の　の
位　位　位　位

● **10進数から2進数への変換**

10進数の27を2進数表示に変換する。

順次2で割る　　剰余　　剰余を割算した順と逆に並べる

```
2) 27
2) 13 ----------- 1
2)  6 ----------- 1
2)  3 ----------- 0
    1 ----------- 1
              → 1   1   0   1   1
```

2進数・8進数・16進数と10進数との対応

10進数	2進数	8進数	16進数
0	0	0	0
1	1	1	1
2	10	2	2
3	11	3	3
4	100	4	4
5	101	5	5
6	110	6	6
7	111	7	7
8	1000	10	8
9	1001	11	9
10	1010	12	A
11	1011	13	B
12	1100	14	C
13	1101	15	D
14	1110	16	E
15	1111	17	F
16	10000	20	10

| 図4 | 2進数の加算例 |

```
     10011101
+) 101100110
 1000000011
```

| 図5 | 2進数の乗算例 |

```
         100011
×)        10101
         100011
       100011
+) 100011
   1011011111
```

1-2 基本論理演算

1. 命題と真理値表

(a)命題と論理

　命題（Proposition）とは、1つの判断の内容を言語で表したものである。文章の内容が正しい場合、その命題は**真**（True）であるといい、誤っている場合その命題は**偽**（False）であるという。

　命題にはいくつかの形があり、それぞれの命題が特定の論理を表している。それらのうち、基本的なものを示す。

● **論理積（AND論理）**

　与えられた条件のすべてが正しい場合にのみ命題が真となり、条件のうち1つでも誤っている場合には命題は偽となる。

● **論理和（OR論理）**

　条件のうち1つでも正しければ命題は真となり、条件のすべてが誤っている場合にのみ命題が偽となる。

● **否定論理（NOT論理）**

　条件が正しいとき命題は偽となり、条件が誤っているときには命題は真となる。

(b)真理値表

　ある命題について、それが真であるとき"1"を、偽であるとき"0"を与えるとすれば、これらの値をその命題に対する**真理値**という。

　また、入力がとる真理値のあらゆる組合せに対応する出力の真理値を表にしたものを**真理値表**（Truth Table）という。

(c)論理式とベン図

　命題に与えられた条件を表すものを論理変数といい、その論理変数を論理演算子（・、＋等）を用いて関係づけた数式表現を**論理式**（Logical Expression）という。

　論理式で表現される論理演算の考え方は、**ベン図**（Venn Diagram：フェン図ともいわれる）により直観的な図形の範囲の関係として示すことができる。

　ベン図では、ある平面に円を考え、円の内側を"1"、円の外側を"0"として論理式を表現する。たとえば、NOT論理を表す場合、論理入力をAとすると、論理式は$f = \overline{A}$となり、論理演算の結果は図の斜線部分で表される。

2. 論理代数

　命題論理を数的に表現するのに、その変数や関数の値が0または1しかとらない代数が必要になる。これには、一般に、**論理代数**（Logical Algebra：**ブール代数**（Boolean Algebra）ともいわれる）が用いられている。

　論理命題を論理代数を使って表す際の基本公式を以下に示す。

(a)交換の法則

$$A + B = B + A \qquad A \cdot B = B \cdot A$$

(b)結合の法則

$$A + (B + C) = (A + B) + C$$
$$A \cdot (B \cdot C) = (A \cdot B) \cdot C$$

(c)分配の法則

$$A \cdot (B + C) = A \cdot B + A \cdot C$$

(d)恒等の法則

$$A + 1 = 1 \qquad A + 0 = A$$
$$A \cdot 1 = A \qquad A \cdot 0 = 0$$

(e)同一の法則

$$A + A = A \qquad A \cdot A = A$$

(f)補元の法則

$$A + \overline{A} = 1 \qquad A \cdot \overline{A} = 0$$

(g)ド・モルガン（de Morgan）の法則

$$\overline{A + B} = \overline{A} \cdot \overline{B} \qquad \overline{A \cdot B} = \overline{A} + \overline{B}$$

(h)復元の法則

$$\overline{\overline{A}} = A$$

(i)吸収の法則

$$A + A \cdot B = A \qquad A \cdot (A + B) = A$$

表1　命題と真理値表

論　理	真理値表	ベ　ン　図
AND論理　f=○ すべて正しいとき真　　f=● 少なくとも1つが正しくないとき偽	A B f / 0 0 0 / 0 1 0 / 1 0 0 / 1 1 1	$f = A \cdot B$
OR論理　f=○ 1つでも正しければ真　　f=● すべて正しくないとき偽	A B f / 0 0 0 / 0 1 1 / 1 0 1 / 1 1 1	$f = A + B$
NOT論理　f=○ Aが正しくないとき真　　f=● Aが正しいとき偽	A f / 0 1 / 1 0	$f = \overline{A}$

表2　論理代数の諸法則

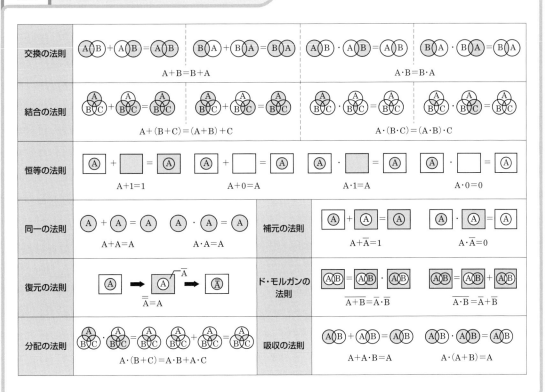

交換の法則	$A+B=B+A$　　　$A \cdot B = B \cdot A$
結合の法則	$A+(B+C)=(A+B)+C$　　　$A \cdot (B \cdot C)=(A \cdot B) \cdot C$
恒等の法則	$A+1=1$　$A+0=A$　$A \cdot 1 = A$　$A \cdot 0 = 0$
同一の法則	$A+A=A$　$A \cdot A = A$
補元の法則	$A+\overline{A}=1$　$A \cdot \overline{A}=0$
復元の法則	$\overline{\overline{A}}=A$
ド・モルガンの法則	$\overline{A+B}=\overline{A} \cdot \overline{B}$　　$\overline{A \cdot B}=\overline{A}+\overline{B}$
分配の法則	$A \cdot (B+C)=A \cdot B + A \cdot C$
吸収の法則	$A+A \cdot B=A$　$A \cdot (A+B)=A$

2-1 論理と論理回路

1. 論理式とシンボル (表1)

電子交換機、コンピュータなどは、"1"か"0"かの2値論理をもとに演算、動作を行っている。この2値論理演算の場合、**論理回路**(Logic Circuit)とよばれる基本的な演算回路が各種あり、論理積、論理和、否定論理、否定論理積、否定論理和、排他的論理和の6種類が代表的である。これらの回路の組み合わせにより、複雑な演算を行う。

論理回路を**ゲート回路**とよぶこともある。

(a)論理積(AND)回路

2つ以上の入力端子と1つの出力端子をもち、すべての入力端子に"1"が入力された場合に出力端子に"1"を出力し、入力端子の少なくとも1個に"0"が入力された場合は"0"を出力する素子である。

この回路の入力をAおよびB、出力をfとすると、$\mathbf{f} = \mathbf{A} \cdot \mathbf{B}$の論理式で表される。

(b)論理和(OR)回路

2つ以上の入力端子と1つの出力端子をもち、入力端子の少なくとも1つに"1"が入力された場合に出力端子に"1"を出力し、すべての入力端子に"0"が入力された場合は"0"を出力する素子である。

この回路の入力をAおよびB、出力をfとすると、$\mathbf{f} = \mathbf{A} + \mathbf{B}$の論理式で表される。

(c)否定論理(NOT)回路

1つの入力端子と1つの出力端子をもち、入力端子に"0"が加えられた場合に出力端子に"1"を、入力端子に"1"が加えられた場合に出力端子に"0"を出力する素子である。

この回路の入力をA、出力をfとすると、$\mathbf{f} = \overline{\mathbf{A}}$の論理式で表される。

(d)否定論理積(NAND)回路

2つ以上の入力端子と1つの出力端子をもち、すべての入力端子に"1"が入力された場合に出力端子に"0"を出力し、少なくとも1つの入力端子に"0"が入力された場合は"1"を出力する素子である。

この回路の入力をAおよびB、出力をfとすると、$\mathbf{f} = \overline{\mathbf{A} \cdot \mathbf{B}}$の論理式で表される。

(e)否定論理和(NOR)回路

2つ以上の入力端子と1つの出力端子をもち、すべての入力端子に"0"が入力された場合に出力端子に"1"を出力し、少なくとも1つの入力端子に"1"が入力された場合は"0"を出力する素子である。

この回路の入力をAおよびB、出力をfとすると、$\mathbf{f} = \overline{\mathbf{A} + \mathbf{B}}$の論理式で表される。

(f)排他的論理和(EXOR)回路

2つの入力端子と1つの出力端子をもち、一方の入力端子に"1"が入力として加えられ、もう一方の入力端子に"0"が入力として加えられた場合のみ出力端子に"1"を出力し、両方の入力端子の入力が同じ場合は"0"を出力する素子である。この結果から「不一致回路」ともいわれる。

この回路の入力をAおよびB、出力をfとすると、$\mathbf{f} = \mathbf{A} \cdot \overline{\mathbf{B}} + \overline{\mathbf{A}} \cdot \mathbf{B}$の論理式で表される。

2. 正論理と負論理

論理回路で扱うデータは、2値論理の"1"または"0"の組み合わせで表現される。この"1"と"0"を、電圧の高低やスイッチのON、OFFに対応させる方法として、**正論理**と**負論理**がある。

論理回路では電圧が高い(H)状態を"1"、電圧が低い(L)状態を"0"に対応させたときを正論理、その逆にHを"0"、Lを"1"に対応させたときを負論理という。

各論理回路の正論理と負論理の対応一覧を表3に示す。

表1　各種論理回路（正論理）

名　称	シンボル(MIL)	ベン図	電子回路	真理値表		
論理積 (AND)		$f=A \cdot B$	$+E$	A	B	f
				0	0	0
				0	1	0
				1	0	0
				1	1	1
論理和 (OR)		$f=A+B$		A	B	f
				0	0	0
				0	1	1
				1	0	1
				1	1	1
否定論理 (NOT)		$f=\overline{A}$	$+E$	A		f
				0		1
				1		0
否定論理積 (NAND)		$f=\overline{A \cdot B}$	$+E$	A	B	f
				0	0	1
				0	1	1
				1	0	1
				1	1	0
否定論理和 (NOR)		$f=\overline{A+B}$	$+E$	A	B	f
				0	0	1
				0	1	0
				1	0	0
				1	1	0
排他的論理和 (EXOR)		$f=A \cdot \overline{B}+\overline{A} \cdot B$		A	B	f
				0	0	0
				0	1	1
				1	0	1
				1	1	0

表2　正論理と負論理

下図に示す論理回路は右表により、正論理で表すとAND回路になり、負論理で表すとOR回路になることがわかる。

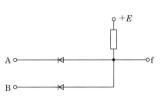

回路動作			真理値表					
			正論理			負論理		
A	B	f	A	B	f	A	B	f
L	L	L	0	0	0	1	1	1
L	H	L	0	1	0	1	0	1
H	L	L	1	0	0	0	1	1
H	H	H	1	1	1	0	0	0

表3　正論理と負論理の対応一覧

論理ゲート	正論理	負論理
AND		
OR		
NOT		
NAND		
NOR		

2-2 組合せ論理回路

1. 論理回路の動作と真理値表のつくり方

図1-1の論理回路の真理値表は、2つの論理素子（AND、NAND）の動作の組合せとして表1-1のようになる。この真理値表のつくり方は、図1-2の点線囲みで示したように、入力a、bの値の組合せに対する点d、および出力cの値を求め、これを表1-1の真理値表にまとめることで求めることができる。

この一連の真理値表への書換えの段階を示したものが図1-3〜1-6である。

2. フリップフロップ回路

(a)R-S形フリップフロップ回路

図2-1、図2-2はNAND回路を主体とした論理回路であるが、これをR-S形フリップフロップ回路という。

この回路の解法は、両方のNAND回路の入出力が組合せになっているため、これまで述べたような通常の手段では困難であるが、次のような仮定法を用いて解くことができる。これは入力レベルの値を0と仮定して出力レベルを求め、両者が一致したものを正しいとする方法である。

この方法で入力Sが1、Rが0の場合について解いてみる。

いま、図2-1のようにNAND回路1のSからの入力をS_1（$=\overline{S}=0$）、他の入力をS_2とし、NAND回路2のRからの入力R_1（$=\overline{R}=1$）、他の入力をR_2とする。

S_2の値を0と仮定すると、NAND回路1の入力は0、0となるので、出力Qは1となる。この出力はNAND回路2の入力R_2となるので、NAND回路2の入力は1、1となり、出力$\overline{Q}$は0となる。

次に、図2-2のようにS_2が1と仮定すると、$Q=R_2=1$となるので、出力$\overline{Q}$は0となる。

両方の仮定による結果が同じになったので、Q、$\overline{Q}$の出力は1、0と断定することができる。また、Sが0、Rが1の場合についても同様にして出力結果0、1を得ることができる。

(b)D形フリップフロップ回路

図3-1、図3-2に示すような論理回路をD形フリップフロップ回路という。

いま、図3-1の入力Dを0、Gを1とする。すると、Aは1となり、NAND回路0の入力は1、1となるので、Bは0となる。

yの値を0と仮定すると、NAND回路2の入力は0、0となるので、出力$\overline{Q}$は1となる。この出力はNAND回路1の入力xとなるので、NAND回路1の入力は1、1となり、出力Qは0となる。

次に図3-2のようにyが1と仮定すると、$\overline{Q}=x=1$となるので、出力Qは0となる。

両方の仮定による結果が同じになったので、Q、$\overline{Q}$の出力は0、1と断定することができる。また、Dが1、Gが1の場合についても同様にして出力結果1、0を得ることができる。

3. 素子補充問題

素子補充問題を解くには、空欄になっている部分の入出力の組合せを調べればよい。

図4-1において、NOR回路の出力を点d、NOT回路の出力を点eとする。NOR回路の入力a、bが表4-1のような論理レベルのとき、点dの出力論理レベルは、1、0、0、0となる。また、NOT回路の点eの出力論理レベルは入力bの否定論理レベルであるから、1、0、1、0となる。

よって、論理素子Mには、点dから1、0、0、0が、点eから1、0、1、0が入力されたことになる。この関係が成り立つのは表4-2よりOR回路であることがわかる。

図1　論理回路の動作と真理値表のつくり方

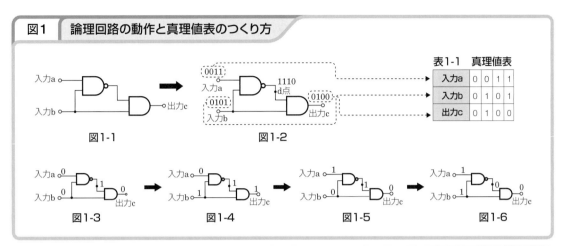

図1-1　　　図1-2　　　表1-1　真理値表

入力a	0	0	1	1
入力b	0	1	0	1
出力c	0	1	0	0

図1-3　　　図1-4　　　図1-5　　　図1-6

図2　R-S形フリップフロップ回路

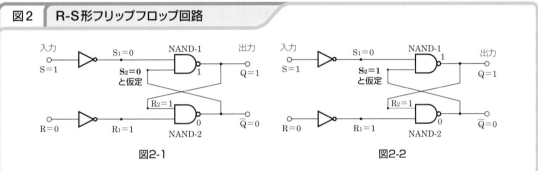

図2-1　　　図2-2

図3　D形フリップフロップ回路

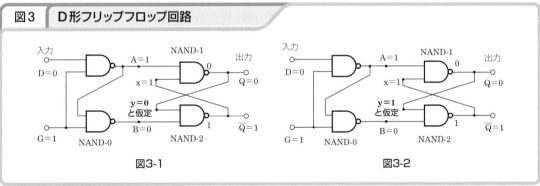

図3-1　　　図3-2

図4　素子補充問題

図4-1

表4-1

入力		回路Mの入力		出力c
a	b	d	e	
0	0	1	1	1
0	1	0	0	0
1	0	1	1	1
1	1	0	0	0

表4-2

入力		出力c			
a	b	OR	AND	NOR	NAND
0	0	0	0	1	1
0	1	1	0	0	1
1	0	1	0	0	1
1	1	1	1	0	0

練 習 問 題

参照

問1

次の各文章の □□□□ 内に、それぞれの［　］の解答群の中から最も適したものを選び、その番号を記せ。

(1) 10進数の85を2進数に変換すると □□□□ になる。

$$
\begin{bmatrix}
① & 1010011 & ② & 1110011 & ③ & 1000111 \\
④ & 1110101 & ⑤ & 1010101 &
\end{bmatrix}
$$

☞102ページ
1　デジタル量と数値表現

(2) 10進数の85を8進数に変換すると □□□□ になる。

$$[① \quad 102 \quad ② \quad 117 \quad ③ \quad 125 \quad ④ \quad 135 \quad ⑤ \quad 142]$$

☞102ページ
1　デジタル量と数値表現

(3) 図に示すベン図において、A、B及びCは、それぞれの円の内部を表すとき、塗りつぶした部分を示す論理式は、□□□□ で表すことができる。

$$
\begin{bmatrix}
① & A \cdot \overline{B} + \overline{C} & ② & A \cdot \overline{B} + A \cdot \overline{C} & ③ & A + \overline{B} + \overline{C} \\
④ & A \cdot B + A \cdot C & ⑤ & A + \overline{A \cdot B \cdot C} &
\end{bmatrix}
$$

☞104ページ
1　命題と真理値表

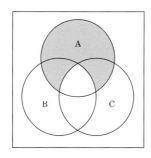

(4) 次の論理関数Xは、ブール代数の公式等を利用して変形し、簡単にすると、□□□□ になる。

$$X = A \cdot (A + B) + \overline{A} \cdot B$$

$$[① \quad A \quad ② \quad B \quad ③ \quad A + B \quad ④ \quad \overline{A} \cdot B \quad ⑤ \quad 1]$$

☞104ページ
2　論理代数

(5) 次の論理関数Xは、ブール代数の公式等を利用して変形し、簡単にすると、□□□□ になる。

$$X = (A + B) \cdot (\overline{A} + C) + \overline{B} \cdot (\overline{A} + C)$$

$$
\begin{bmatrix}
① & \overline{A} \cdot \overline{B} & ② & B \cdot C & ③ & \overline{A} + C \\
④ & A \cdot C + B & ⑤ & \overline{A} + B + C &
\end{bmatrix}
$$

☞104ページ
2　論理代数

問2

次の各文章の　　　　　内に、それぞれの［　　］の解答群の中から最も適したものを選び、その番号を記せ。

(1) 図の論理回路において、入力a及び入力bの論理レベルと出力cの論理レベルとの関係が表の真理値表で示されるとき、表中の出力レベルW、X、Y、Zは、それぞれ　　　　　である。

☞108ページ

1 論理回路の動作と真理値表のつくり方

$$
\begin{bmatrix}
① & 0、1、1、0 & ② & 0、1、0、1 & ③ & 0、0、1、0 \\
④ & 0、0、1、1 & ⑤ & 0、0、0、1 & &
\end{bmatrix}
$$

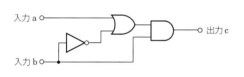

入力		出力
a	b	c
0	0	W
0	1	X
1	0	Y
1	1	Z

(2) 図の論理回路において、Mの論理素子が　　　　　であるとき、入力a及び入力bの論理レベルと出力cの論理レベルとの関係は、表の真理値表で示される。

☞108ページ

3 素子補充問題

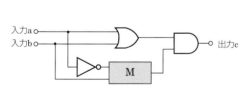

入力		出力
a	b	c
0	0	0
0	1	1
1	0	0
1	1	0

(3) 図の論理回路は、入力a及び入力bの論理レベルと出力cの論理レベルとの関係から、　　　　　の回路に置き換えることができる。

☞106ページ

1 論理式とシンボル

$$
\begin{bmatrix}
① & OR & ② & NOR & ③ & AND \\
④ & NAND & ⑤ & NOT & &
\end{bmatrix}
$$

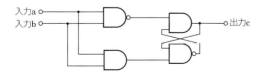

(4)　表は、入力論理レベルA及びBと出力論理レベルCとの関係を示した真理値表である。この真理値表に相当する論理式は、□□□□□の式で表すことができる。

☞106ページ

1　論理式とシンボル

$$
\begin{array}{ll}
① \quad C = \overline{A} + \overline{B} & ② \quad C = \overline{A} \cdot B + A \cdot B \\
③ \quad C = \overline{A + B} & ④ \quad C = B \cdot (A + \overline{B}) \\
⑤ \quad C = A + \overline{A} \cdot B & ⑥ \quad C = A \cdot \overline{B} + \overline{A} \cdot B
\end{array}
$$

入力論理レベル	A	0	0	1	1
	B	0	1	0	1
出力論理レベル	C	0	1	1	1

(5)　表は、2入力の論理回路における入力論理レベルA及びBと出力論理レベルCとの関係を示した真理値表である。その論理回路の論理式が、

$$C = (A + \overline{B}) \cdot (\overline{A} + B)$$

で表されるとき、表の出力論理レベルW、X、Y、Zのそれぞれを示す組合せは□□□□□である。

☞104ページ

1　論理代数

☞106ページ

1　論理式とシンボル

$$
\begin{array}{lll}
① \quad 0, 0, 0, 1 & ② \quad 0, 0, 1, 1 & ③ \quad 0, 1, 0, 1 \\
④ \quad 0, 1, 1, 1 & ⑤ \quad 1, 0, 0, 1 & ⑥ \quad 1, 0, 1, 0 \\
⑦ \quad 1, 1, 0, 0 & ⑧ \quad 1, 1, 1, 0
\end{array}
$$

入力論理レベル	A	0	0	1	1
	B	0	1	0	1
出力論理レベル	C	W	X	Y	Z

(6)　図1の論理回路において、入力a及び入力bに図2に示す入力がある場合、図1の出力cは、図2の出力のうち□□□□□である。

☞108ページ

1　論理回路の動作と真理値表のつくり方

$$[① \quad c1 \quad ② \quad c2 \quad ③ \quad c3 \quad ④ \quad c4 \quad ⑤ \quad c5]$$

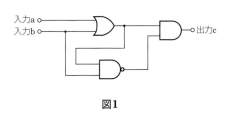

図1

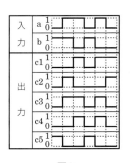

図2

解答

問1－(1)⑤　(2)③　(3)②　(4)③　(5)③
問2－(1)⑤　(2)④　(3)④　(4)⑤　(5)⑤　(6)④

解　説

問1

(1)　10進数を2進数に変換するときは次のようにして求める。よって85を2進数に変換すると、**1010101**となる。

```
2 ) 8 5
2 ) 4 2 ──余り1
2 ) 2 1 ──余り0
2 ) 1 0 ──余り1
2 )   5 ──余り0
2 )   2 ──余り1
      1 ──余り0
```

85を2進数で表現すると1010101

(2)　10進数を8進数に変換するときは次のようにして求める。よって85を8進数に変換すると、**125**となる。

```
8 )   8 5
8 )   1 0 ──余り5
        1 ──余り2
```

85を8進数で表現すると125

(3)　設問のベン図を次図のようにXとYの2つに分けて考えると、X、Yはそれぞれ次のように示される。
$$X = A \cdot \overline{B} \qquad Y = A \cdot \overline{C}$$
設問のベン図の塗りつぶした部分は、XとYの論理和であるから、
$$X + Y = \mathbf{A \cdot \overline{B} + A \cdot \overline{C}}$$

(4)　次のように変形していく。
$$X = A \cdot (A + B) + \overline{A} \cdot B$$
$$= A \cdot A + A \cdot B + \overline{A} \cdot B \qquad 〔分配の法則〕$$
$$= A + A \cdot B + \overline{A} \cdot B \qquad 〔恒等の法則〕$$
$$= A + (A + \overline{A}) \cdot B \qquad 〔分配の法則〕$$
$$= A + 1 \cdot B \qquad 〔補元の法則〕$$
$$= \mathbf{A + B} \qquad 〔恒等の法則〕$$

(5)　次のように変形していく。
$$X = (A + B) \cdot (\overline{A} + C) + \overline{B} \cdot (\overline{A} + C)$$
$$= A \cdot \overline{A} + A \cdot C + B \cdot \overline{A} + B \cdot C + \overline{B} \cdot \overline{A} + \overline{B} \cdot C$$
$$= 0 + B \cdot \overline{A} + \overline{B} \cdot \overline{A} + A \cdot C + B \cdot C + \overline{B} \cdot C$$
$$= 0 + (B + \overline{B}) \cdot \overline{A} + (A + B + \overline{B}) \cdot C$$
$$= 1 \cdot \overline{A} + 1 \cdot C$$
$$= \mathbf{\overline{A} + C}$$

問2

(1)　設問の論理回路の入力a、bにそれぞれの入力条件を加えたときの出力を次図に示す。したがって、出力論理レベルW、X、Y、Zは、それぞれ**0、0、0、1**となる。

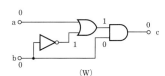

(W)

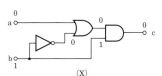

(X)

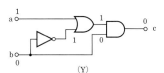

(Y)

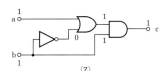

(Z)

(2)　すべての入力論理レベルが"1"のときのみ出力論理レベルが"1"になるというAND素子の性質を利用すると、次図において、f点の論理レベルは＊、1、0、0となる（こ

こで、＊印は"0"または"1"のどちらかの値をとるが現時点では不明であるという意味である)。この結果から、論理素子Mの入出力に関する真理値表を作成すると下表のようになり、Mに該当する論理素子は**AND素子**であることがわかる。

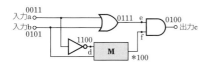

Mの入力		ANDの入力		出力
d	b	e	f	c
1	0	0	＊	0
1	1	1	1	1
0	0	1	0	0
0	1	1	0	0

(3)　次図において、P点の論理レベルが不明であるが、NAND素子の入力の少なくとも1つが"0"のとき出力が"1"になることを利用すれば、Q点の値は1、1、1、＊となることがわかる。同様に、R点の論理レベルは、AND素子の入力が1、1、1、0と1、1、1、＊なので、1、1、1、0となり、これが出力cの論理レベルとなる。よって、**NAND**の回路に置き換えることができる。

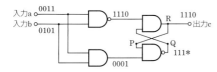

入　力		出力
a	b	c
0	0	1
0	1	1
1	0	1
1	1	0

(4)　設問の真理値表は、入力レベルおよび出力レベルの関係から、論理和(OR)を表している。解答群中の各選択肢の論理式を整理すると、

① $C = \overline{A} + \overline{B} = \overline{A \cdot B}$ → 否定論理積

② $C = \overline{A} \cdot B + A \cdot B = (\overline{A} + A) \cdot B = B$

③ $C = \overline{A + B}$ → 否定論理和

④ $C = B \cdot (A + \overline{B}) = B \cdot A + B \cdot \overline{B} = A \cdot B$ → 論理積

⑤ $C = A + \overline{A} \cdot B = A \cdot (1 + B) + \overline{A} \cdot B = A + A \cdot B + \overline{A} \cdot B$
$= A + (A + \overline{A}) \cdot B = A + B$ → 論理和

⑥ $C = A \cdot \overline{B} + \overline{A} \cdot B$ → 排他的論理和

したがって、⑤の**$C = A + \overline{A} \cdot B$** が真理値表に相当する。

(5)　与えられた論理式の論理代数にそれぞれの入力論理レベルの組合せを当てはめると、
・$A = 0$、$B = 0$ のとき
$C = (0 + \overline{0}) \cdot (\overline{0} + 0) = (0 + 1) \cdot (1 + 0) = 1 \cdot 1 = 1$
・$A = 0$、$B = 1$ のとき
$C = (0 + \overline{1}) \cdot (\overline{0} + 1) = (0 + 0) \cdot (1 + 1) = 0 \cdot 1 = 0$
・$A = 1$、$B = 0$ のとき
$C = (1 + \overline{0}) \cdot (\overline{1} + 0) = (1 + 1) \cdot (0 + 0) = 1 \cdot 0 = 0$
・$A = 1$、$B = 1$ のとき
$C = (1 + \overline{1}) \cdot (\overline{1} + 1) = (1 + 0) \cdot (0 + 1) = 1 \cdot 1 = 1$
よって、W、X、Y、Zはそれぞれ**1、0、0、1**である。

(6)　設問の論理回路中の各論理素子における論理レベルの変化は、下図のようになる。したがって、入力aの論理レベルが1かつ入力bの論理レベルが0のときのみ論理レベルが1となるから、**c4**が該当する。

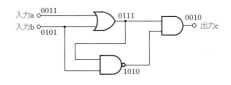

伝送理論

　一般に、電気通信回線の伝送特性を表すのに、等価モデルとして扱うことが多い。そして、伝送路の利得や損失を伝送量として表す。

　また、伝送量の単位としてはデシベルを用い、対数による計算を行うので、この計算方法に慣れておく必要がある。

　本章では、伝送量の計算以外にも、電気通信回線上の伝送品質に影響を与える漏話、雑音、ひずみ、反射などの各種現象について、その特徴と対策を学ぶ。

1-1 伝送理論の基礎

1. 電気通信の概要

　電気通信では、文字符号、音響(音声信号)、影像信号等の信号を電気信号に変換して、電気信号の送受信を行う。このとき電気信号を伝える媒体として、通信ケーブルや無線等を用いる。このような電気通信を行うための媒体を電気通信回線という。また、途中に挿入される増幅器や交換機を含めた、相手側までのすべての経路を電気通信回線ということもある。(図1)

2. 電気通信回線の等価モデル

　電気通信回線の電気的な伝送特性を知るためには、2本の導体が平行する平衡対ケーブルにおいて、端子 a – a' を送信側、b – b' を受信側と考えて扱うことが一般的である。このような電気通信回線には、導体の抵抗 R、自己インダクタンス L、線路間の静電容量 C、および漏れコンダクタンス G(絶縁抵抗の逆数)があり、電気的回路構成として表すことができる。この回路を電気通信回線の**等価回路**または**1次定数回路**という。(図2)

3. 基本的な単位 (表1)

(a)伝送量とデシベル

　電気通信回線の物理的表現として、送信側と受信側の関係を規定する必要がある。電気通信回線における送信側の電力 P_1 と受信側の電力 P_2 の比を**伝送効率**といい、次式で表される。

$$伝送効率 = \frac{受信側の電力}{送信側の電力} = \frac{I_2 V_2}{I_1 V_1} = \frac{P_2}{P_1}$$

　一般には電力比は大きい値をとるため、対数比を用いる**伝送量**で表す。伝送量は次式で表され、単位は〔dB〕(**デシベル**)を使用する。

$$伝送量 = 10\ log_{10} \frac{P_2}{P_1}\ 〔dB〕$$

　この対数比を用いると、大きな電力比を比較的小さな値で表現できるだけでなく、積や比を加算や減算で計算することができる。

例　電力比が1,000倍のときの伝送量は次のように求められる。

$$10\ log_{10} 1{,}000 = 10\ log_{10} 10^3 = 10 \times 3 = 30\ 〔dB〕$$

(b)相対レベルと絶対レベル

　前出の電気通信回線の伝送量は、送信側の電力と受信側の電力の比の対数であるが、このような2点間の電力比をデシベル〔dB〕で表したものを**相対レベル**という。相対レベルは、電気通信回線や電気回路の減衰量や増幅量を示している。

　これに対し、絶対的な電力を表すものとして、一般的にワット〔W〕が用いられている。しかし、電気通信では大電力から微小電力まで扱うため、絶対的な電力も対数で表す。この対数で表された電力を**絶対レベル**といい、ある電力値を0dBの基準としたときの伝送レベルで表す。単位は相対レベルと区別するため〔dBm〕(0dBの基準電力を1mWとしたとき)や〔dBW〕(基準電力を1Wとしたとき)などを使用する。

$$絶対レベル = 10\ log_{10} \frac{P〔mW〕}{1〔mW〕}\ 〔dBm〕$$

　この式から、P が1mWのときは0dBm、1W($= 1 \times 10^3$〔mW〕)のときは30dBm、1μW($= 1 \times 10^{-3}$〔mW〕)のときは-30dBmであることがわかる。

(c)電圧レベルと電流レベル

　送信側インピーダンスと受信側インピーダンスが等しい場合、伝送量は次のように、電圧または電流の比として表すことができる。

$$N = 10\ log_{10} \frac{P_2}{P_1} = 10\ log_{10} \left(\frac{V_2}{V_1}\right)^2 = 20\ log_{10} \frac{V_2}{V_1}$$

$$N = 10\ log_{10} \frac{P_2}{P_1} = 10\ log_{10} \left(\frac{I_2}{I_1}\right)^2 = 20\ log_{10} \frac{I_2}{I_1}$$

図1　電気通信の概要

● 電気通信回線を通じて、端末設備間で送受信することを電気通信という。

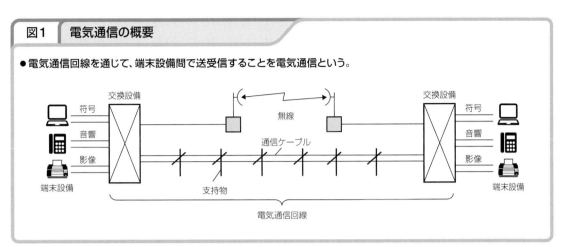

図2　電気通信回線の等価モデル

● 電気通信回線の伝送特性を知るために、等価モデル（等価回路）を用いる。

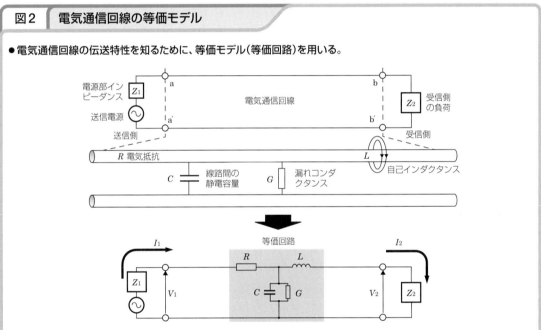

表1　基本的な単位

伝送量・絶対レベル	常用対数公式	電力比	dB	電圧・電流比
伝送量 $= 10\,log_{10}\dfrac{P_2}{P_1}$〔dB〕 $= 20\,log_{10}\dfrac{V_2}{V_1}$ $= 20\,log_{10}\dfrac{I_2}{I_1}$ 絶対レベル $= 10\,log_{10}\dfrac{P\,〔mW〕}{1\,〔mW〕}$〔dBm〕	$log_{10}1 = 0$ $log_{10}10 = 1$ $log_{10}(a \cdot b) = log_{10}a + log_{10}b$ $log_{10}\dfrac{a}{b} = log_{10}a - log_{10}b$ $log_{10}a^n = n \cdot log_{10}a$	10^4	40	100
		10^2	20	10
		10	10	$\sqrt{10}$
		2	3	$\sqrt{2}$
		1	0	1
		1/2	−3	$1/\sqrt{2}$
		1/10	−10	$1/\sqrt{10}$
		1/100	−20	1/10
		1/10000	−40	1/100

1-2 伝送量の計算

1. 電気通信回線の損失

電気通信回線の等価モデルからもわかるように、入力信号は電気通信回線によって減衰する。この減衰量を、**伝送損失**(Transmission Loss)または単に**損失**という。

例 送信側電力P_1が10〔mW〕、受信側電力P_2が1〔mW〕のときの伝送量は次のように求める。

$$N = 10\,log_{10}\frac{P_2}{P_1} = 10\,log_{10}\frac{1}{10} = -10〔dB〕$$

通常、減衰の場合は$N < 0$となるが、このとき"$-$"符号はつけずに「伝送損失何dB」「損失何dB」という言い方をし、量記号にはLを用いることが多い($L = -N$の関係がある)。

伝送量は電気通信回線の距離によって変化するが、電気通信回線の性質を知るためには、単位距離当たりの伝送量として表す。このときの単位距離は通常1kmである。

例 図1のような1km当たり3dBの損失がある電気通信回線が10km設置されているときの減衰量は次のように求める。

$$L = 3〔dB/km〕× 10〔km〕= 30〔dB〕$$
$$(30dBの損失)$$

2. 電気通信回線に設置される増幅器

電気通信回線には、回線の伝送損失を補償するため、増幅器が設置される。

例 図2のような増幅器において、入力側電力P_1が1〔mW〕、出力側電力P_2が10〔mW〕のときの増幅量(利得)は次のように求める。

$$N = 10\,log_{10}\frac{P_2}{P_1} = 10\,log_{10}\frac{10}{1} = 10〔dB〕$$

増幅器の場合は$N > 0$となるが、"$+$"符号はつけずに、「利得何dB」「ゲイン(gain)何dB」という言い方をし、量記号にGを用いることが多い。

3. 増幅器を含む一般的な電気通信回線

実際の電気通信回線では、図3のように電気通信回線の伝送損失を補償するため、増幅器を挿入している場合が多い。このような電気通信回線全体の伝送量を求めるには、次のように損失に"$-$"を、利得に"$+$"をつけて加算すればよい。

$$N = (-回線1の損失) + (+増幅器の利得)$$
$$+ (-回線2の損失)$$

例 図3の回線全体の伝送量は次のように求める。

$$N = (-20) + (+30) + (-20) = -10〔dB〕$$
となり、全体として10dBの損失である。

4. 電気通信回線における伝送量の計算

電気通信回線において、伝送量、利得、損失、出力信号レベル等を求める場合、デシベル計算(加減算)によって計算する。

例 図4-1において入力信号レベルが-4dBm、伝送損失が0.8dB/km、出力信号レベルが10dBmのときの増幅器の利得は、次のように求める。

回線の損失は、$0.8 × 20 = 16〔dB〕$であることから、求める利得を$G〔dB〕$とすると、次式が成り立つ。

$$10 = -4 - 16 + G$$
$$∴ \quad G = 10 + 4 + 16 = 30〔dB〕$$

したがって、利得は30dBである。

例 図4-2において、V_iが50〔mV〕、V_oが5〔mV〕、増幅器の利得がそれぞれ12dB、18dBのときの減衰器による減衰量は、次のように求める。

回線全体の伝送量Nは、

$$N = 20\,log_{10}\frac{V_o}{V_i} = 20\,log_{10}\frac{5}{50}$$

$$= 20\,log_{10}10^{-1} = -20〔dB〕$$

減衰器の減衰量を L〔dB〕とすると、

$-20 = 12 + 18 - L$

$\therefore \quad -L = -20 - 12 - 18 = -50$〔dB〕

したがって、減衰量は50dBとなる。

図1 電気通信回線の損失

●回線全体の損失は、単位距離当たりの損失×距離で表せる。

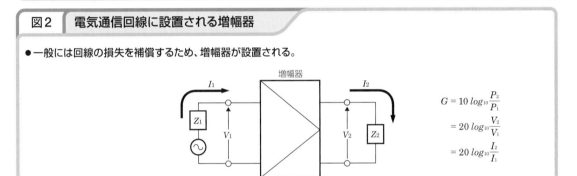

図2 電気通信回線に設置される増幅器

●一般には回線の損失を補償するため、増幅器が設置される。

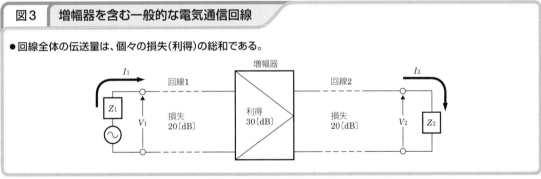

$$G = 10 \log_{10} \frac{P_2}{P_1}$$
$$= 20 \log_{10} \frac{V_2}{V_1}$$
$$= 20 \log_{10} \frac{I_2}{I_1}$$

図3 増幅器を含む一般的な電気通信回線

●回線全体の伝送量は、個々の損失（利得）の総和である。

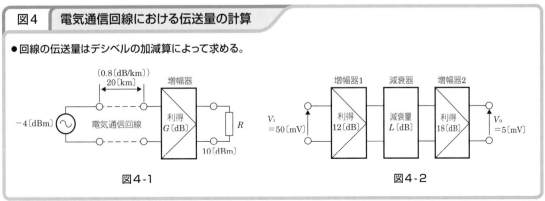

図4 電気通信回線における伝送量の計算

●回線の伝送量はデシベルの加減算によって求める。

図4-1

図4-2

2 線路の特性

2-1 電気通信回線の電気的特性

1. 1次定数と分布定数回路

1-1で述べたように、電気通信回線は、図1-1のような等価回路に置き換えることができる。このときの導体抵抗R、自己インダクタンスL、静電容量C、漏れコンダクタンスGの4要素を**1次定数**という。この1次定数は線路の長さによって変化するため、通常、1次定数を表現するには単位距離1km当たりの値で表す。

これに対し、より実際の電気通信回線に近い等価回路として、1次定数が連続する**分布定数回路**（図1-2）がある。均一な回線では1次定数回路が一様に分布しているものと考えることができる。

2. 特性インピーダンス（図2）

線路の単位長当たりの導体抵抗をR、自己インダクタンスをL、静電容量をC、漏れコンダクタンスをGとすれば、単位長当たりのインピーダンス$\dot{Z}$は、

$$\dot{Z} = R + j\omega L \,(\Omega/\text{km}) \quad (\omega = 2\pi f)$$

また、単位長当たりのアドミタンス$\dot{Y}$は、

$$\dot{Y} = G + j\omega C \,(\text{S/km})$$

で表せる。このときの合成インピーダンス$\dot{Z_0}$は、

$$\dot{Z_0} = \sqrt{\frac{\dot{Z}}{\dot{Y}}} = \sqrt{\frac{R + j\omega L}{G + j\omega C}} \,(\Omega)$$

で表せる。式からもわかるように、$\dot{Z_0}$はR、L、G、Cおよびfのみに関係し、線路長に無関係に定まる値である。この$\dot{Z_0}$を**特性インピーダンス**という。特性インピーダンスは、線路の種類などで定まる1次定数（$\dot{Z}$、$\dot{Y}$）から求まる線路特有の値である。

一様な線路が無限の長さに続いているとすると、線路上のどの点をとっても電圧と電流の比が一定となり、この比が特性インピーダンスとなる。これは送信側での信号入力点についても同様であることから、このような線路の特性インピーダ

ンスと入力インピーダンスは等しい。

3. インピーダンス整合（図3）

1本の線路では、線路の損失特性のみによって信号が減衰する。これに対して、特性インピーダンスが異なる線路が接続されている場合は、接続点での反射現象による減衰が発生し、効率的な伝送ができなくなる。

現実には特性インピーダンスが異なる電気通信回線を接続する必要があり、接続点における減衰を最小限にすることが求められる。これを**インピーダンス整合**をとるという。

このインピーダンス整合をとる最も一般的で簡単な方法として、変成器（トランス）がある。このトランスは**整合用トランス（マッチングトランス）**ともいう。トランスは一次側（入力側）のコイルと二次側（出力側）のコイルとの間の相互誘導を利用して交流電力を伝えるものであり、2つのコイルの巻線比により、電圧や電流、インピーダンスを変換することができる。

巻線比が$n_1 : n_2$のマッチングトランスを挿入した回線において、

$$\frac{n_1}{n_2} = \frac{V_1}{V_2}$$

$$P = \frac{V_1{}^2}{Z_1} = \frac{V_2{}^2}{Z_2}$$

であるから、

$$\left(\frac{n_1}{n_2}\right)^2 = \frac{Z_1}{Z_2}$$

となり、巻線比の2乗がインピーダンスの比となる。

例 巻線比が$n_1 : n_2 = 2 : 1$で、V_1が10VのときのV_2は次のように求める。

$$V_2 = V_1 \frac{n_2}{n_1} = 10 \times 0.5 = 5 \,(\text{V})$$

また、巻線比が$n_1 : n_2 = 2 : 1$で、Z_1が$800\,\Omega$の
ときのZ_2は、次のように求める。

$$Z_2 = \frac{Z_1}{\left(\dfrac{n_1}{n_2}\right)^2} = \frac{800}{4} = 200\,[\Omega]$$

図1　1次定数と分布定数回路

- 回線全体を1つの等価回路に置き換えたものが1次定数回路。
- 長さを考慮した、実際の回線に近い等価回路が分布定数回路。

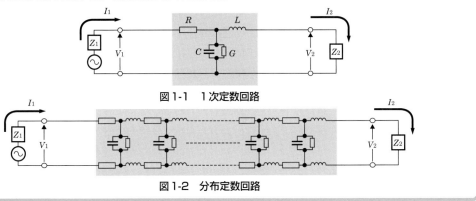

図1-1　1次定数回路

図1-2　分布定数回路

図2　特性インピーダンス

- 線路の特性インピーダンス$\dot{Z}_0$は線路長に無関係に定まる。
- 無限長線路の特性インピーダンスと入力インピーダンスは等しい。

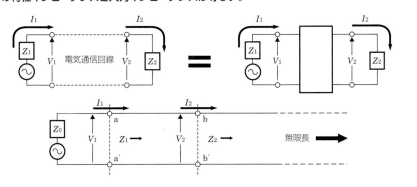

図3　インピーダンス整合

- インピーダンス整合のため、マッチングトランスが用いられる。

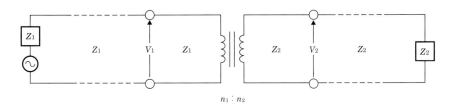

2-2 反射、反響

1. 反射現象

特性インピーダンスの異なる回線を接続したとき、その接続点において入力信号の一部が入力側に反射し、見かけ上の伝送損失が増加する現象が発生する。

反射の大きさは通常、入力波の電圧と反射波の電圧の比で表し、これを**電圧反射係数**という。電圧反射係数をm、入力波の電圧をV_i、反射波の電圧をV_rとすれば、

$$m = \frac{V_r}{V_i}$$

のように表される。ここで、送信側の特性インピーダンスをZ_1、受信側の特性インピーダンスをZ_2とすると、

$$m = \frac{Z_2 - Z_1}{Z_2 + Z_1}$$

となる。また、**電流反射係数**をm'、入力波の電流をI_i、反射波の電流をI_rとすれば、

$$m' = \frac{I_r}{I_i}$$

で表される。ここで、送信側の特性インピーダンスをZ_1、受信側の特性インピーダンスをZ_2とすると、

$$m' = \frac{Z_1 - Z_2}{Z_1 + Z_2} = -\left(\frac{Z_2 - Z_1}{Z_2 + Z_1}\right) = -m$$

となる。

とくに、受信側が開放されている場合、$Z_2 = \infty$であるから$m = 1$となり、短絡されている場合は$Z_2 = 0$であるから$m = -1$となる。

不整合点における入力波と反射波はそれぞれ図1のようになる。

2. 反射係数の計算

反射係数mは、送信側および受信側の特性イ

ンピーダンスから求めることができる。

例 図2のように特性インピーダンスの異なる回線が接続されているとき、送信側インピーダンスZ_1が110 Ω、受信側インピーダンスZ_2が440 Ωのときの電圧反射係数は次のように求める。

電圧反射係数mは、

$$m = \frac{Z_2 - Z_1}{Z_2 + Z_1} = \frac{440 - 100}{440 + 110} = \frac{330}{550} = 0.6$$

3. 逆流と続流

特性インピーダンスの異なるいくつかの線路を縦続接続した複合線路では、複数の接続点で反射が生じる。このとき、奇数回の反射により送端に現れる波を**逆流**といい、偶数回の反射により受端に現れる波を**続流(伴流)**という。

4. 鳴音現象

増幅器を含む電気通信回線において、漏話などにより増幅器の出力が入力側に回り込むことがある。このとき、増幅器の利得が回り込む信号の減衰量を上回ると発振現象が起こり、受信側にはこの発振信号だけが出力される。これを**鳴音(ハウリング)**という。

鳴音現象を防止するには、増幅器の利得を下げるか、漏話など信号の回り込みを防止する対策が必要となる。

5. 反響現象

長距離の電気通信回線において、受信側の不整合などにより反射現象が発生し、送信信号がある時間をおいて送信側に戻ってくることがある。これを**反響(エコー)**という。

回線の距離が短い場合は、送信信号とエコーの時間差が小さく、通話への影響が少ないが、国際間など長距離の回線では、エコーの遅延が数

十～数百〔ms〕（ミリ秒）にもなり、通話への影響が大きくなる。

　　反響現象を防止するには、受信側で整合をとっ

て反射波を小さくするか、反射波を打ち消す装置を挿入して、反射波が送信側に伝わらないような対策が必要となる。

図1　反射現象

● 特性インピーダンスの不整合点で反射現象が発生する。

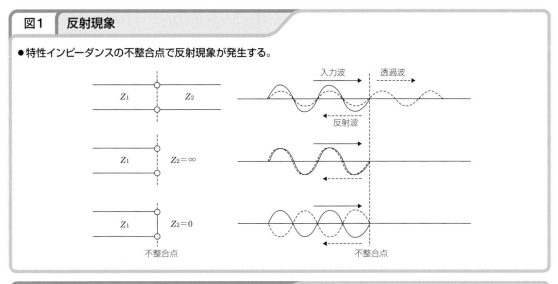

図2　反射係数の計算

● 電圧反射係数
$$m = \frac{Z_2 - Z_1}{Z_2 + Z_1}$$

● 電流反射係数
$$m' = \frac{Z_1 - Z_2}{Z_1 + Z_2} = -m$$

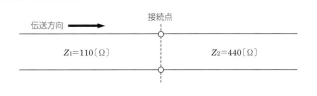

図3　鳴音現象

● 信号の回り込みにより、鳴音現象が発生する。

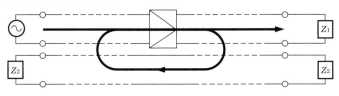

図4　反響現象

● 長距離の回線において反射が発生すると、送信側で反響現象が発生する。

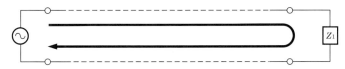

2-3 漏話

1. 漏話現象

複数の電気通信回線が平行に設置されている場合、1つの電気通信回線上の信号が他の回線に流れることがある。このような現象を一般に**漏話**という。このとき、漏話を起こすもとになる回線を**誘導回線**、漏話を受ける回線を**被誘導回線**という。

また、漏話は回線上の任意の点で発生し、被誘導回線の両端に伝送される。このとき、誘導回線の信号の伝送方向と逆の方向に伝送されるものを**近端漏話**、同じ方向に伝送されるものを**遠端漏話**という(図1)。

漏話の度合いをはかる尺度として、**漏話減衰量**がある。漏話減衰量は、誘導回線の信号電力がどれだけ減衰して被誘導回線に現れるかを表すもので、相対レベルによって示す。

$$漏話減衰量 = 10 \, log_{10} \frac{送信電力(誘導回線)}{漏話電力(被誘導回線)} 〔dB〕$$

漏話の量(漏話電力)は小さいほどよいため、**漏話減衰量は大きいほどよい**ことになる。

2. 漏話の原因

漏話の原因は、近接する回線間の静電容量Cの不平衡による**静電結合**と、相互インダクタンスMによる**電磁結合**の2つがある(図2)。静電結合は、回線相互が静電容量により電気的に結合することによって生じる。また、電磁結合は、回線相互が相互誘導により電気的に結合することによって生じる。

一般に、伝送される信号の周波数が高くなると、CまたはMによる結合度が大きくなり、漏話が増加する。

3. 漏話対策

漏話対策としては、静電結合および電磁結合

を最小限に抑えることが必要であり、そのためには、回線間の**距離を大きく**とるか、互いに**直交する**ように配置する。

しかし、実際の回線では、複数の回線が近接して設置されるため、静電結合や電磁結合を打ち消す構造にする必要がある。

図3において、静電結合を打ち消すためには、各線相互間の結合容量が$C_1 = C_2$、$C_3 = C_4$の条件を満たせばよいため、次の①〜③の対策が必要となる。

①各導体間の距離を常に等しくする。

②導体の径を均一にする。

③絶縁材料を均質にし、誘電率を均一にする。

このため、2つの回線(導線4本)を星形に配置し、導線および絶縁層を均一にする必要がある。また、電磁誘導を打ち消すためには、心線(導体)を撚り合わせて、相互誘導の方向を反転させ、回線全体の電磁誘導を打ち消す方法がある。

4. 漏話減衰量の計算

漏話減衰量は**送信電力に対する漏話電力の比**であり、漏話の方向により、**近端漏話減衰量**と**遠端漏話減衰量**の2つの値がある。

> **例題**
>
> 図4のような回線間において、送信電力が200mW、近端漏話電力が0.02mW、遠端漏話電力が0.002mWのときのそれぞれの漏話減衰量は、次のように求める。
>
> $$近端漏話減衰量 = 10 \, log_{10} \frac{200}{0.02} = 10 \, log_{10} 10^4$$
> $$= 40 〔dB〕$$
> $$遠端漏話減衰量 = 10 \, log_{10} \frac{200}{0.002} = 10 \, log_{10} 10^5$$
> $$= 50 〔dB〕$$

図1　漏話現象

● 近接する回線の電気的結合により、漏話現象が発生する。

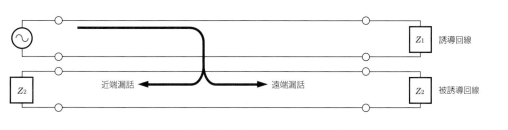

図2　漏話の原因

● 漏話の原因は、隣接する回線間の電磁結合と静電結合である。

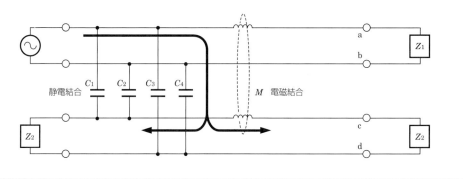

図3　漏話対策

● 静電結合と電磁結合は、それぞれ打ち消す構造をとると漏話を減少させることができる。

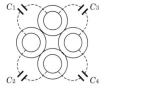

図4　漏話減衰量の計算

● 漏話減衰量は、送信電力に対する漏話電力の比である。

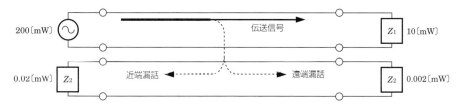

線路の特性

2-4 ひずみ、雑音

信号の忠実な伝送に妨害を与える要因は、ひずみと雑音に大別することができる。

1. 伝送ひずみ

電気通信回線において、送信側に入力された信号が受信側に正しく現れないことがある。これを**伝送ひずみ**または単に**ひずみ**といい、次のような種類がある。

(a)減衰ひずみ

電気通信回線の減衰量は伝送周波数によって異なるため、広帯域の信号を伝送すると、受信側では送信側と異なる波形となって現れ、ひずみとなる。このように、減衰特性の違いによって発生するひずみを減衰ひずみという。音声回線における減衰ひずみが大きいと、鳴音(ハウリング)が発生したり反響(エコー)が大きくなるなど、通話品質が低下する要因となる場合がある。

(b)位相(遅延)ひずみ

信号の伝搬時間が周波数によって異なると、送信側で同時に入力した信号が受信側では時間的にずれて到着するため、ひずみとなって現れる。

(c)非直線ひずみ

電気通信回線に挿入される増幅器などの特性や、特性インピーダンスの不整合などにより、入力と出力の信号が比例関係(直線関係)にないために生ずるひずみをいう。

2. 等化器

電気通信回線のひずみは、回線の種類、増幅器の特性、信号の種類などにより予測することができる。このため、ひずみによる波形の変化を補償する装置を挿入して、全体としてひずみの少ない回線特性を得ることができる。このような装置を**等化器(イコライザ)**という。図1のように、増幅器の出力特性が周波数の増加にしたがって低下する特性をもつとき、等化器にその逆の特性を持たせることにより補償している。

3. 雑音

通常の電気通信回線では、送信側で信号を入力しなくても受信側で何らかの信号が現れることがある。これを**雑音**といい、次の種類がある。

(a)熱雑音

回路素子中で自由電子が熱的じょう乱運動をするために生じる雑音であり、一般に、全周波数に対して一様に分布する白色雑音(ホワイトノイズ)である。自然界に存在し、原理的に避けることができないため、**基本雑音**ともいわれる。

(b)漏話雑音

2-3で述べた漏話現象により発生する雑音であり、誘導回線における信号の強弱、漏話減衰量によって大きく異なる。

(c)誘導雑音

電力線等外部からの誘導作用によって電気通信回線に誘導電圧が誘起されて起こる雑音である。電力線などの電圧成分を誘導源とする静電誘導により生ずるものと、電力線などの電流成分を誘導源とする電磁誘導により生ずるものがある。

(d)相互変調雑音

多重信号が非直線素子を通ると、他のチャネルの信号との和や差の周波数成分が生じ、雑音として受信側に伝送される。なお、非了解性の漏話雑音となるので、**準漏話雑音**ともいう。

(e)ジッタ

伝送パルス列の位相が短時間に(一般に10Hz以上で)ゆらぐ現象をいい、再生中継器のタイミング回路や多重化装置の同期回路などで発生する。一般に抑圧することができるが、ジッタの発生原因によっては、多段中継を行うと累積され、伝送品質が悪化するものもある。

4. SN比

　雑音の大きさを表すものとして、受信信号電力と雑音電力との相対レベルを用いる。これを**信号対雑音比（SN比）**という。SN比が大きいほど相対的な雑音電力が小さく、品質のよいものといえる。

　一般には受信側において常に雑音電力が発生しており、受信信号電力だけを測定することができないことから、SN比は次の式で表す。

$$SN比 = 10\ log_{10} \frac{受信信号電力 + 雑音電力}{雑音電力}$$

$$= 10\ log_{10} \frac{信号時の受信電力}{無信号時の受信電力}〔dB〕$$

　たとえば、送信側において、ある信号を送信したときの受信側の受信電力 S が $-10\,dBm$、無信号時の受信電力 N が $-70\,dBm$ のときのSN比は、

$$S - N = (-10) - (-70) = 60〔dB〕$$

である。

　また、増幅器などの機器において、出力側のSN比が入力側のSN比に対してどの程度劣化するかを表す尺度には、**雑音指数（NF）**が用いられる。

図1　等化器

● 伝送ひずみを補償するため、等化器（イコライザ）を挿入する。

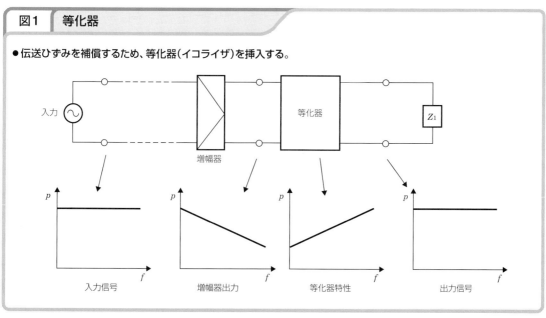

図2　雑音

● 電気信号以外に外的要因で回線に混入するものを雑音という。

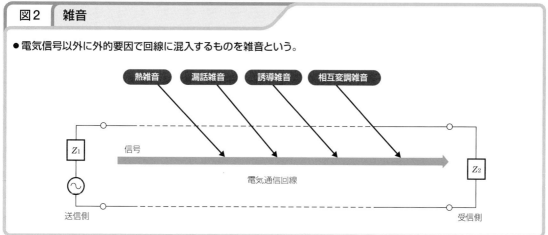

2-5 各種ケーブルの伝送特性

1. 装荷ケーブルと無装荷ケーブル

　装荷ケーブルは、伝送損失を小さくするために図1-2のように一定の距離ごとにコイル（装荷線輪）を挿入したものである。これに対して、無装荷ケーブルは、図1-1のような装荷線輪のない通常の平衡対ケーブルを指す。

　装荷線輪を挿入すると平衡対ケーブルの1次定数のうち L（インダクタンス）が増加し、音声帯域で減衰量を低下させることができる。

　しかし、一定の周波数（遮断周波数）を超えると急激に減衰量が大きくなるため、広帯域の伝送が困難になる欠点がある。また、周波数が高くなると、信号伝送速度が低下する。（図1-3）

　装荷ケーブルは、加入電話回線のように比較的狭い帯域を長距離にわたり伝送するのに適しており、無装荷ケーブルは広帯域を短距離伝送するのに適している。

2. 平衡対ケーブルの種類

　平衡対ケーブルは、一般に、ポリエチレン等で絶縁した心線を必要なだけ集めて心線束とし、その上に絶縁テープを巻き、さらにスチールまたはアルミ製の遮へい層で保護を施し、最も外側をポリエチレンで被覆した構造になっている。複数の回線を束ねて設置すると、静電結合や電磁結合による漏話が発生する。この漏話を防止するため、心線の撚りを工夫して、同一断面に多くの心線を収容できるようにしている。代表的なものとして、次の3つが挙げられ、これらのケーブルの使用により、静電結合や電磁結合を打ち消し、漏話を軽減することができる。

(a)対撚りケーブル

　2本の心線を平等に撚り合わせて隣り合う対の撚りピッチを変えることで漏話を改善したもの。

(b)DMカッド撚りケーブル

　対撚りした2組の心線をさらに撚り合わせたもの。

(c)星形カッド撚りケーブル

　対を構成する2本の心線が対角線上に位置するように4本の心線を平等に撚り合わせたもの。

3. 同軸ケーブル

　同軸ケーブルは、1本の導体を円筒形の外部導体によりシールドした構造になっており、平衡対ケーブルのような他のケーブルとの間の電磁結合、静電結合による漏話が生じない。また、1対の心線が同心円状になっているため、表皮効果や近接作用による実効抵抗の増加が小さく、高い周波数帯域での伝送損失も少ない。この伝送損失は、周波数の平方根に比例する（$\sqrt{f}$ 特性という）ため、周波数が4倍になると伝送損失は2倍になる。

　しかし、同軸ケーブルは不平衡線路であるため、2本の同軸ケーブルが密着設置された場合、外部導体間に、あるインピーダンスで結んだ閉回路が形成されることにより、一方の信号電流が他方のケーブルの外部導体表面に誘起し、2本のケーブル間の閉回路によって他方のケーブルの外表面に流れ、これが内側にも誘導電磁界を発生させる結果として、漏話が発生するものである。

　この漏話現象は、周波数が高くなると表皮効果により小さくなる。また、外部導体を厚くすると減少する傾向がある。

4. 光ファイバケーブル

　平衡対ケーブルや同軸ケーブルなどのメタリックケーブルが電気信号を伝送するのに対し、光ファイバケーブルは光の点滅を伝送する媒体である。メタリックケーブルと比較して低損失、広帯域、無誘導という点で優れている。

(a)光ファイバケーブルの構造

　光ファイバは、直径数十〔μm〕と細く、非常に透明度の高いガラス等の繊維であり、屈折率の大きい**コア**（core）のまわりを屈折率の小さい**クラッド**（cladding）で包んだ2層構造となっている。光信号はいったんコアの中に取り込まれると、コアとクラッドの境界面で全反射を繰り返しながら進んでいく。光信号がファイバの中にほぼ閉じ込められた形で伝送されるため、漏話は無視できる。

(b)光ファイバケーブルの特徴

　光ファイバケーブルはガラスやプラスチックでできた繊維を使用しているため、銅線等に比べて細く軽量である。このため、同じ断面積における回線収容効率がよい。また、光信号は電気信号に比べて波長が短いので、より広帯域の伝送が可能になる。ファイバの断面積が小さいため接続処理が難しいという点もあるが、可とう性（自在に屈曲できること）に優れている。

図1　装荷ケーブルと無装荷ケーブル

●音声帯域での減衰量を低下させるため、コイル（装荷線輪）を挿入したケーブルを装荷ケーブルという。

●装荷ケーブルは一定の周波数（遮断周波数）を超えると減衰量が急激に大きくなる。

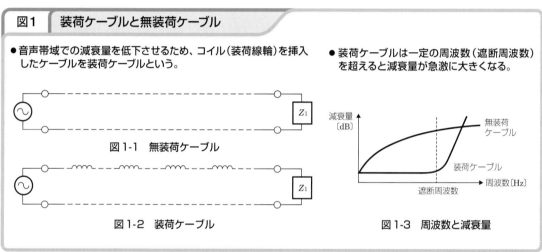

図1-1　無装荷ケーブル

図1-2　装荷ケーブル

図1-3　周波数と減衰量

図2　平衡対ケーブル

●平衡対ケーブルは、心線を撚り合わせ、漏話を防止。

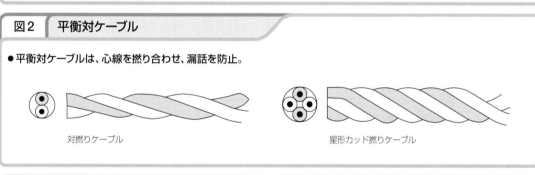

対撚りケーブル

星形カッド撚りケーブル

図3　同軸ケーブル

●同軸ケーブルは、シールド構造のため、電磁結合、静電結合による漏話が生じない。

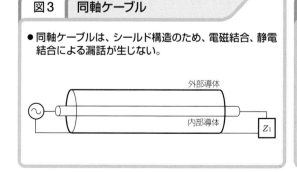

外部導体

内部導体

図4　光ファイバケーブル

●光ファイバケーブルは、電気信号ではなく、光の点滅を伝送する媒体である。
●光の伝送は、コア（中心層）とクラッド（外層）の境界面で全反射しながら進む。

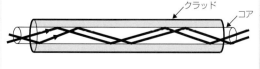

クラッド

コア

練習問題

参照

問1

次の各文章の [_____] 内に、それぞれの [ ] の解答群の中から最も適したものを選び、その番号を記せ。

(1) 絶対レベルは、1ワットを0デシベルの基準とした場合、これを記号 [_____] で表す。

[① dBk ② dBn ③ dBW ④ dBr ⑤ dBm]

☞116ページ
3 基本的な単位

(2) 図において、入力電力が30ミリワット、増幅器Ⅰ、増幅器Ⅱの利得がそれぞれ8デシベル、14デシベルで、減衰器の減衰量が [_____] デシベルのとき、負荷抵抗 R で消費する電力は、300ミリワットである。ただし、入出力各部のインピーダンスは、整合しているものとする。

[① 8 ② 12 ③ 22 ④ 28]

☞118ページ
4 電気通信回線における伝送量の計算

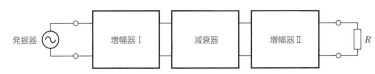

(3) 図において、電気通信回線への入力電圧が120ミリボルト、その伝送損失が1キロメートル当たり [_____] デシベルのとき、負荷インピーダンス Z に加わる電圧は、16ミリボルトである。ただし、変成器は理想的なものとし、電気通信回線の入出力インピーダンスは同一値で、各部は整合しているものとする。

[① 0.2 ② 0.4 ③ 0.5
④ 0.7 ⑤ 1.0 ⑥ 1.2]

☞118ページ
4 電気通信回線における伝送量の計算

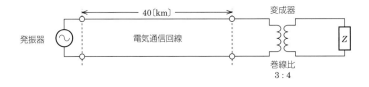

(4) 電気的特性が均一で長さ50キロメートルのケーブルの絶縁抵抗が40メガオームのとき、20キロメートルで切断すると、この20キロメートルのケーブルの絶縁抵抗は、[_____] メガオームとなる。

[① 8 ② 16 ③ 25 ④ 100 ⑤ 2,000]

☞120ページ
1 1次定数と分布定数回路

(5) 伝送損失のない一様な線路を　　　　　　で終端すると、電圧及び電流の大きさは、線路上のどの点においても一様である。

① コンデンサ　　　② 特性インピーダンス
③ 容量性リアクタンス　　④ 純抵抗

☞120ページ
2 特性インピーダンス

(6) 図において、電気通信回線のインピーダンスをZ_1、負荷インピーダンスをZ_2、変成器の1次側、2次側の巻線数をそれぞれN_1、N_2とすると、$\dfrac{Z_1}{Z_2} =$　　　　　　のときにインピーダンスが整合する。ただし、変成器は理想的なものとする。

① $N_1 \times N_2$　② $\dfrac{N_2}{N_1}$　③ $\left(\dfrac{N_2}{N_1}\right)^2$　④ $\left(\dfrac{N_1}{N_2}\right)^2$

☞120ページ
3 インピーダンス整合

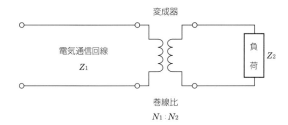

変成器
電気通信回線 Z_1　負荷 Z_2
巻線比 $N_1 : N_2$

問2

次の各文章の　　　　　内に、それぞれの［　］の解答群の中から最も適したものを選び、その番号を記せ。

(1) 特性インピーダンスがZ_1の通信回線に負荷インピーダンスZ_2を接続する場合、Z_2の値が　　　　　のとき、接続点での入射電圧波は同位相全反射される。

① $Z_2 = 0$　② $Z_2 = \infty$　③ $Z_2 = \dfrac{Z_1}{2}$　④ $Z_2 = Z_1$

☞122ページ
1 反射現象

(2) 図に示すように、特性インピーダンスがそれぞれ440オームと360オームのメタリックケーブルを接続して信号を伝送すると、その接続点における電圧反射係数（インピーダンス不整合による電圧変化を整合時電圧との比で表したもの）は　　　　　である。

① −0.3　② −0.2　③ −0.1
④ 0.1　⑤ 0.2　⑥ 0.3

☞122ページ
2 反射係数の計算

伝送方向　→　接続点

440Ω　　　　360Ω

(3)　電力線からの誘導作用によって通信線へ誘起される誘導電圧には、電磁誘導電圧と静電誘導電圧がある。これらのうち、電磁誘導電圧は、一般に、電力線の [　　　　] に比例して大きくなる。

> ① 電　圧　　　　② 抵　抗
> ③ インダクタンス　④ 電　流

(4)　図に示すアナログ方式の伝送路において、受端のインピーダンス**Z**に加わる信号電力が [　　　　] ミリワットで、同じ伝送路の無信号時の雑音電力が0.00045ミリワットであるとき、この伝送路の受端における*SN*比は50デシベルである。

☞127ページ

4　SN比

> ① 30　② 35　③ 40　④ 45　⑤ 50　⑥ 55

信号時　信号源　Z_0　送端　　　　受端　Z　信号電力 [　　　]〔mW〕

無信号時　Z_0　　　　　　　Z　雑音電力 0.00045〔mW〕

(5)　伝送回路の入力と出力の信号電圧が比例関係にないために生じる信号のひずみを [　　　　] ひずみという。

☞126ページ

1　伝送ひずみ

> ① 同　期　② 位　相　③ 群遅延
> ④ 減　衰　⑤ 非直線

(6)　同軸ケーブルは、一般的に使用される周波数帯において信号の周波数が4倍になると、その伝送損失は、約 [　　　　] 倍になる。

☞128ページ

3　同軸ケーブル

> ① $\dfrac{1}{4}$　② $\dfrac{1}{2}$　③ 2　④ 4

解　説

問1

(2)　入力電力$P_\mathrm{i}=30$〔mW〕、Rの消費電力$P_\mathrm{R}=300$〔mW〕より、全体の伝送量N〔dB〕は、

$$N = 10\ log_{10}\frac{P_\mathrm{R}}{P_\mathrm{i}} = 10\ log_{10}\frac{300}{30} = 10 \text{〔dB〕}$$

ここで、増幅器Ⅰの利得をG_1〔dB〕、増幅器Ⅱの利得をG_2〔dB〕、減衰器の減衰量をL〔dB〕とすると、

$$N = G_1 - L + G_2$$
$$\therefore\quad L = G_1 + G_2 - N = 8 + 14 - 10 = 12 \text{〔dB〕}$$

(3)　変圧比は巻線比に等しいから、変成器1次側の電圧は、

$$16 \times \frac{3}{4} = 12 \text{〔mV〕}$$

したがって、電気通信回線の伝送損失Lは、

$$L = -N = -20\ log_{10}\frac{12}{120} = 20\ log_{10}\frac{120}{12} = 20 \text{〔dB〕}$$

40kmの伝送損失が20dBであるから、これを1km当たりに換算して、

$$20\text{〔dB〕} \div 40\text{〔km〕} = 0.5\text{〔dB/km〕}$$

(4)　ケーブルの絶縁抵抗はコンダクタンスGに反比例し、Gの大きさは線路の長さに比例する。したがって、ケーブルの絶縁抵抗は、ケーブルの長さに反比例する。よって、50kmの長さのケーブルの絶縁抵抗が40MΩならば、20kmのケーブルの絶縁抵抗は**100M**Ωになる。

問2

(2)　電圧反射係数は次のように求める。

$$m = \frac{Z_2 - Z_1}{Z_2 + Z_1} = \frac{360 - 440}{360 + 440} = -0.1$$

(3)　電磁誘導電圧は電力線の**電流**に比例して大きくなり、静電誘導電圧は電力線の電圧に比例して大きくなる。

(4)　信号時の信号電力をP_S〔mW〕、無信号時の雑音電力をP_N〔mW〕とすれば、これらとSN比の間に

$$SN\text{比} = 10\ log_{10}\frac{P_\mathrm{S}}{P_\mathrm{N}} = 10\ log_{10}\frac{P_\mathrm{S}}{0.00045} = 50\text{〔dB〕}$$

の関係がある。よって、

$$\frac{P_\mathrm{S}}{0.00045} = 10^5$$
$$\therefore\quad P_\mathrm{S} = 0.00045 \times 10^5 = 45\text{〔mW〕}$$

5

伝送技術

　本章では、音声やデータを伝送する際に必要となる各種変調技術や、デジタル伝送の基本技術であるPCM伝送のしくみなど、通信技術の概要を学習する。

　具体的には、アナログ伝送とデジタル伝送の特徴、変調の方法と波形、PCM伝送、多重伝送方式、光ファイバ伝送方式などがある。

　伝送技術では、聞き慣れない用語が数多く登場するので、これらの用語の意味をひとつずつ正確に覚えておくことが重要である。

1-1 データ伝送

1. アナログとデジタル

音声などの情報を電気信号に変換して伝送する場合、**アナログ信号**として伝送する方法と、**デジタル信号**として伝送する方法がある。

アナログとは、情報を電気的な量の**連続**変化として扱うことであり、電話をはじめとする電気通信は、デジタル技術が実用化されるまではすべてアナログ信号による伝送であった。

これに対しデジタル信号は、アナログ信号を**標本化**という技術で数値化し、"1"と"0"のみで表現する2進数に変換して取り扱う。そしてこの"1"と"0"の2値状態を**パルス**とよばれる矩形波の電気信号のONとOFFに対応させ、電気信号では、このパルス列を伝送する。

電気信号の時間的変化について比較した場合、アナログ信号が連続的に変化するのに対し、デジタル信号は非連続または**離散的**である。(図1)

2. ベースバンド伝送と帯域伝送 (図2)

データ伝送で取り扱う信号は、コンピュータなどのデータ端末装置が入出力する符号である。データ端末装置相互間のデータ伝送では出力されるパルス波形をそのまま伝送路に送出し伝送することができる。このような伝送形態は、**ベースバンド伝送**とよばれる。

一方、アナログ電話回線などでは、ベースバンド伝送を行うことはできない。このため、アナログ電話回線を通じてデータを伝送する場合は、交流信号に変換(**変調**という)してから回線に送出し、受信側で再び元のベースバンド信号に戻す(**復調**という)必要がある。このような伝送形態を**帯域伝送(ブロードバンド伝送)**といい、変調および復調に用いる装置を**変復調装置**または**モデム(MODEM)**という。

3. 通信方式 (図3)

(a)単方向通信

送信、受信の役割が決まっており、通信の方向が一方向に限定される。

(b)半二重通信

双方向通信が可能であるが、1本の伝送路を双方が同時には使用できないので、交互に切り替えて使用する。

(c)全二重通信

送信と受信にそれぞれ独立した伝送路を使用することにより双方向同時通信ができる。

4. データ伝送速度の表しかた (図4)

(a)データ信号速度

データ伝送システムにおいて1秒間に伝送できるビット数をいう。単位に〔bit/s〕(ビット毎秒)または〔bps〕を用いる。

(b)変調速度

2元符号0、1で正弦波の搬送波を変調すると、一般に、情報は波形の振幅、周波数、位相の変化の形をとる。この状態の変化する点を有意瞬間という。また、有意瞬間と次の有意瞬間の最も短い間隔を最小公称時間間隔という。この最小公称時間間隔の逆数が変調速度であり、単位に〔baud〕(ボー)を用いる。最小公称時間間隔をT〔秒〕、変調速度をBとすれば、次式のようになる。

$$B = \frac{1}{T} \text{〔baud〕}$$

変調速度とデータ信号速度は必ずしも同一の数値をとるわけではない。直列伝送方式で、変調信号の1つの有意瞬間で1ビットの情報しか伝送しない変調を行う場合は変調速度とデータ信号速度は等しくなる。これに対して、並列伝送の場合や、1つの有意瞬間で複数ビットの情報を伝送

する多値変調方式の場合は、変調速度とデータ信号速度は異なった値となる。

ここで、データ信号速度を S〔bit/s〕、変調速度を B〔baud〕、通信路の数を1、通信路における変調の有意状態の数を m とすれば、

$$S = B \, log_2 m \,〔\text{bit/s}〕$$

の関係がある。

例　8相位相変調によって、4,800bit/sのデータ信号を伝送する場合の変調速度〔baud〕は、次のように求められる。

与えられた数値を上式に代入して、

$$4,800 = B \, log_2 8$$

$log_2 8 = 3(\because \quad 2^3 = 8)$ より、$B = 1,600$〔baud〕。

(c)データ転送速度

利用者の立場から、機器性能の比較などに用いる用語で、データ伝送システムにおいて、対応する装置間で単位時間（時間、分、秒）にやり取りされる文字、ブロック、バイトなどの個々の累計値で表される。

図1　アナログとデジタル

●アナログ
情報を連続変化する電気量に変換。

●デジタル
情報を離散的（非連続）な電気量に変換。

図2　ベースバンド伝送と帯域伝送

●アナログ伝送路でデータ伝送する場合、変調したアナログ信号を伝送する（帯域伝送）。

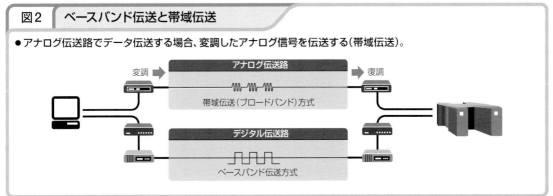

図3　通信方式

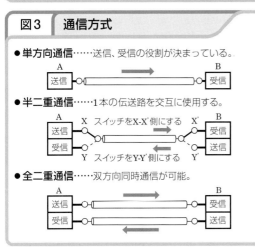

●単方向通信……送信、受信の役割が決まっている。

●半二重通信……1本の伝送路を交互に使用する。

●全二重通信……双方向同時通信が可能。

図4　データ伝送速度の表しかた

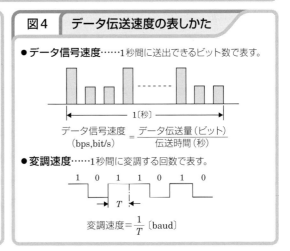

●データ信号速度……1秒間に送出できるビット数で表す。

$$\frac{\text{データ信号速度}}{(\text{bps,bit/s})} = \frac{\text{データ伝送量（ビット）}}{\text{伝送時間（秒）}}$$

●変調速度……1秒間に変調する回数で表す。

$$\text{変調速度} = \frac{1}{T} 〔\text{baud}〕$$

1-2 通信網のサービス品質

1. 接続品質

接続品質は、情報伝達の迅速性を示す品質であり、接続損失と接続遅延の2つの要素からなる。

(a)接続損失

利用者が希望する相手に接続されるまでに、中継線や被呼者の話中、交換機の処理待ち等に遭遇して呼損となることである。

(b)接続遅延

交換接続に要する時間をいう。電話の場合、図1-1のように発信側の利用者が送受話器を上げてから発信音が聞こえてくるまでの時間（発信音遅延）および利用者がダイヤルし終えてから呼出音が聞こえてくるまでの時間（自動接続遅延）が該当する。また、ISDNの場合、図1-2のように発信者が呼設定メッセージの送出を完了してから呼出しメッセージまたは応答メッセージの受信を完了するまでの時間が該当する。

2. 安定品質

安定品質は、通信網の信頼性を表すもので、災害等によるものも含めた設備の故障や網の異常トラヒックに対しても正常なサービスを維持できる度合いを示す品質である。

3. 伝送品質

伝送品質は、情報伝達の正確さを示すものである。伝送品質を劣化させる要因として、アナログ網・デジタル網に共通するものには、減衰ひずみ、位相ひずみ（群遅延ひずみ）、雑音、瞬断、位相跳躍（位相ヒット：急激な位相の変動）、周波数変動、位相ジッタ（位相のゆらぎ）などがある。

デジタル網の伝送品質の劣化要因には、符号誤り、ジッタ・ワンダ、スリップ、伝送遅延等がある。これらのうち、符号誤りの影響が極めて大きく、

ジッタの影響を無視できない高品質映像サービスを除けば、伝送品質はほとんど符号誤りのみで評価することができる。

符号誤りが伝送品質に与える影響は、その発生形態とサービス種別により異なっている。このため、サービス種別に適した評価尺度により符号誤りを評価する必要がある。

たとえば、通話サービスの場合には、符号誤りが少しあってもクリック性の雑音として知覚され、伝送品質上許容しうる誤り率に限界があるものの、通常、網としてエラーフリーである必要はない。

一方、データ伝送の場合には、符号誤りは受信データのエラーとなるため、本質的にはエラーフリーであることが要求される。しかし、現実的にはこの条件は不可能であり、多くの場合、誤り訂正符号の採用あるいは誤り検出によるブロックの再送により、誤りが除去される。この場合、送信データへの冗長ビットの付加あるいは再送に伴い、伝送効率の低下をきたすこととなる。また、ファクシミリや映像伝送等の場合は、画像の乱れとなる。

また、サービス種別によって、符号誤りの発生形態により受ける影響もさまざまであり、これらのことを考慮して、いくつかの誤り評価尺度が利用されている。

符号誤りの発生形態には、時間的にランダム（偶発的）に発生する**ランダム誤り**と、短時間に集中して発生する**バースト誤り**の2種類がある。ランダム誤りは、主としてランダム雑音や符号間干渉によって発生する。一方、バースト誤りは、漏話等の外部からの誘導によるインパルス性雑音や、装置切替等に伴って発生する瞬断、無線伝送区間におけるフェージング等により発生する。また、従属同期方式の場合に、同期崩れによるバーストが発生したときにも誤りが発生する。

従来、データ伝送品質は、測定時間中に伝送され

た符号（ビット）の総数に対する、その時間中に誤って受信された符号の個数の割合で表すビット誤り率（**BER**）のみで評価されてきたが、*BER*は符号誤りの発生形態がランダムである場合に適しており、バースト的に発生する誤りの場合には適していない。このため、*BER*の欠点を補う符号誤りの尺度として、各種サービスの適用も考慮した%*SES*、%*DM*、%*ES*等がITU－Tにより勧告されている。（表1）

・**%SES**

%*SES*（percent Severely Errored Seconds）は、符号誤り率が10^{-3}を超えている「秒」の合計が、全測定時間に対して占める割合を百分率で表示したものである。符号誤りがバースト的に発生するような系の評価を行う場合の尺度に適している。

・**%DM**

%*DM*（percent Degraded Minutes）は、符号誤り率が10^{-6}を超えている「分」の合計が、全測定時間に対して占める割合を百分率で表示したものである。電話サービスなど、ある程度符号誤りを許容できる系の評価を行う場合の尺度に適している。

・**%ES**

%*ES*（percent Errored Seconds）は、符号誤りを1つ以上含む「秒」の合計が、全測定時間に対して占める割合を百分率で表示したものである。データ通信サービスなど少しの符号誤りも許容できないような系の評価を行う場合の尺度に適している。なお、%*ES*に対して、1秒ごとに符号誤りの発生の有無を観測し、符号誤りが発生しなかった「秒」の延べ時間（秒）が全測定時間に占める割合を百分率で表した%*EFS*という指標もあり、%*ES*＋%*EFS*＝100〔%〕の関係がある。

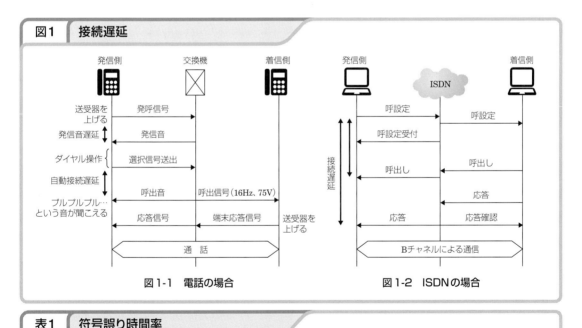

図1　接続遅延

図1-1　電話の場合　　図1-2　ISDNの場合

表1　符号誤り時間率

	意　味	適　用
%*SES*	1秒ごとに符号誤り率を測定して、符号誤り率が10^{-3}を超える秒数の全時間に占める割合を百分率で表したもの	瞬断やフェージング等のように一時的に集中して発生する伝送品質の劣化の評価
%*DM*	1分ごとに符号誤り率を測定して、符号誤り率が10^{-6}を超える分数の全時間に占める割合を百分率で表したもの	電話等のサービスの評価
%*ES*	1秒間ずつ符号誤りの発生の有無を測定したときに、符号誤りのあった秒数が全測定時間に占める割合を百分率で表したもの	冗長度の少ない信号を伝送するデータ伝送等の誤りの評価

2 変調方式の技術

2-1 振幅変調

　情報を伝送するとき、発信者からの情報源信号（原信号）の形態のままでは、利用する伝送媒体に整合しないため、伝送品質が著しく劣化し、情報を伝送できなくなることさえある。このため、情報の内容を変えずに原信号の形態に変換を施し、伝送媒体に整合させる必要があるが、この操作を**変調**という。変調においては、一般に、原信号を運ぶ**搬送波**が必要であり、これには単一正弦波とパルス列がある。この搬送波のパラメータを原信号に含まれる情報の内容に応じて変化させるので、原信号を**変調信号**という。また、変調されて伝送路へ送出された搬送波を**被変調信号**という。変調の方式には、被変調波に含まれる情報の形態が連続量である**アナログ変調**と、離散量である**デジタル変調**がある。アナログ変調には、振幅を変化させる振幅変調（AM）、位相を変化させる位相変調（PM）、周波数を変化させる周波数変調（FM）があり、PMとFMは、総称して**角度変調**といわれる。

1. 振幅変調方式

　振幅変調方式（**AM**：Amplitude Modulation）は、音声などの入力信号（f_s）に応じて、搬送波周波数（f_c）の振幅を変化させる変調方式である。

　デジタル信号を振幅変調する場合は、"1"、"0"に対応した2つの振幅に偏移するので、とくに**振幅偏移変調**（**ASK**：Amplitude Shift Keying）と呼んでいる。

　他の変調方式に比べ変調回路が簡単であるが、雑音に対しては弱い。

2. 変調度

　振幅がE_c、角周波数がωの搬送波を、振幅がE_s、角周波数がpの信号波で振幅変調すると、図1のような被変調波が現れる。

　この被変調波eを表す式は、

$$e = (E_c + E_s \sin pt) \sin \omega t$$
$$= E_c \left(1 + \frac{E_s}{E_c} \sin pt\right) \sin \omega t \quad \cdots ①$$

となるが、この式において、E_sとE_cの比を**変調度**といい、mで表す。

$$変調度\ m = \frac{E_s}{E_c} = \frac{E_1 - E_2}{E_1 + E_2}$$

3. 側波帯伝送

　音声のように帯域幅をもつ原信号を変調すると、被変調波は複数の周波数成分が合成された信号となる。信号の強度（振幅）を周波数分布で表したものを**スペクトル**という。

　周波数f_sの信号波を周波数f_cの搬送波で振幅変調すると、被変調波（出力）の信号は、搬送波f_cのほかにf_sの幅だけ上下にずれた**側波**とよばれる周波数を発生する。この側波のうち、$f_c + f_s$を**上側波**、$f_c - f_s$を**下側波**という。また、表2（左下）のような周波数帯域を持つ信号で変調した場合は、側波帯あるいは、上側波帯、下側波帯という。

(a)DSB(Double Side Band：両側波帯伝送)

　振幅変調で得られた上側波帯と下側波帯の信号成分をそのまま伝送する方式である。占有周波数帯域が信号波の最高周波数の2倍になる。

(b)SSB(Single Side Band：単側波帯伝送)

　上側波帯と下側波帯の情報は全く同じものなので、フィルタ（ろ波器）を通してどちらか一方の側波帯のみ取り出して伝送する方式である。DSBに比べて占有周波数帯域が半分で済み、音声信号などの多重化伝送に有利である。

(c)VSB(Vestigial Side Band：残留側波帯伝送)

　データ信号や画像信号のように直流成分を含んだ信号を振幅変調する場合、SSB方式のように側波帯として取り出すことはフィルタの特性上困

難なので、搬送波を中心にフィルタで斜めにカット　して伝送する方式を用いる。

表1　振幅変調方式

信号波	●アナログ信号	●デジタル信号
被変調波	●AM	●ASK

1 0 1 1 0

入力信号に応じて搬送波の振幅を変化させる変調方式。入力信号がデジタル信号の場合にはASKとなる。回路構成は比較的簡単であるが、雑音に弱い。

図1　変調度

●搬送波の振幅E_sと信号波の振幅E_sの比、$\dfrac{E_s}{E_c}$を変調度という。$E_s > E_c$の場合、過変調となり波形がひずむ。

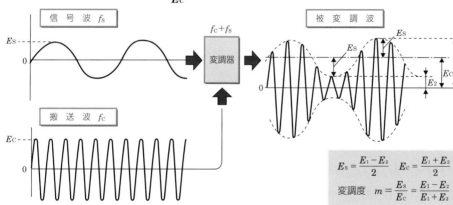

信号波 f_s　　　f_c+f_s　　変調器　　被変調波

搬送波 f_c

$$E_s = \frac{E_1 - E_2}{2} \quad E_c = \frac{E_1 + E_2}{2}$$

$$変調度 \quad m = \frac{E_s}{E_c} = \frac{E_1 - E_2}{E_1 + E_2}$$

表2　側波帯伝送

●周波数スペクトル

f_c-f_s　f_c　f_c+f_s　f

●信号波が周波数帯域を持つ場合

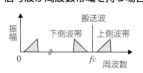

搬送波
下側波帯　上側波帯
振幅
0　　　　f_c　周波数

名称	周波数スペクトル	特　徴
両側波帯伝送（DSB）		上側波帯と下側波帯の信号を伝送する。占有周波数帯域は信号波の2倍になる。
単側波帯伝送（SSB）		どちらか一方の側波帯のみ伝送する。占有周波数帯域はDSBの半分で済む。
残留側波帯伝送（VSB）		TV、ファクシミリなどの直流成分を含む信号はSSBでは伝送することができない。このため、搬送波を中心に側波帯を斜めにカットし直流成分も含めて伝送する。

2-2 角度変調

1. 周波数変調方式（表1）

　周波数変調方式（**FM**：Frequency Modulation）は、原信号の振幅をもとに搬送波の周波数を変化させる変調方式である。

　原信号がアナログ信号の場合には、信号の振幅に応じて搬送波の周波数を変化させる。

　また、原信号がデジタル信号の場合には、周波数の異なる2つの搬送波を用い、それぞれを符号ビットの"1"と"0"に対応させて伝送する。この場合、周波数を偏移させるので、**周波数偏移変調**（**FSK**：Frequency Shift Keying）とよんでいる。

　周波数変調方式は、振幅変調方式に比べて広い周波数帯域が必要になるが、レベル変動や雑音による妨害に強い。信号の雑音成分の多くは振幅性のものであるから、受信側でリミッタ（振幅制限器）を通すことで雑音を除去できる。

2. 位相変調方式（表2）

　位相変調方式（**PM**：Phase Modulation）は、原信号の振幅をもとに搬送波の位相を変化させる変調方式である。原信号がアナログ信号の場合は、位相角の遅れ・進みに変化させる。

　また、原信号がデジタル信号の場合は、符号ビットの"1"、"0"を位相差に対応させる。この方式を**PSK**（Phase Shift Keying）とよんでいる。

　2相位相変調（**2-PSK**。BPSKともいう）は、"1"を0°に、"0"を180°に対応させたもので、主に1,200bit/s以下の低速のデータ伝送に利用されている。また、2,400bit/s以上では、次に述べる**多値変調方式**が用いられている。

3. 多値変調方式

(a) 4相位相変調（4-PSK；QPSK）

　4相位相変調では、搬送波の位相角を90°間隔に4等分し、それぞれを00～11の2ビットの組合せ（ダイビット）に対応させる。4分割する際に基準とする角度により、2つのパターンがある。この場合、1回の変調変化当たりの情報量が2ビットなので、伝送容量は2-PSKの2倍になる。（図1）

(b) 8相位相変調（8-PSK）

　8相位相変調では、搬送波の位相角を45°間隔で等分し、8種類の情報を表現することを可能にしたものである。"1"、"0"で表現する2進数の組合せは $8 = 2^3$ であるから、1回の変調変化当たりの情報量は3ビットとなり、それぞれの位相に000～111を対応させる（図2）。情報量は、2-PSKの3倍、4-PSKの1.5倍となる。

(c) 直交振幅変調（QAM）

　伝送容量を向上させる変調方式に、**直交振幅変調**（**QAM**：Quadrature Amplitude Modulation）がある。**振幅位相変調**（**APSK**：Amplitude Phase Shift Keying）ともいう。直交する2つの搬送波をそれぞれ振幅変調して組み合わせたもので、振幅と位相の両方に情報をもたせている。（図3）

4. マルチキャリア変調

　広帯域通信では、遅延波によるシンボル間干渉が原因で波形ひずみが生じやすいので、**マルチキャリア変調**方式によりこれを軽減している。これは、広い周波数帯域の信号を多数の狭帯域の信号（**サブキャリア**）に分割して伝送する技術で、1シンボル当たりの時間を長くとれるため、遅延波によるシンボル間干渉の影響を小さくできる。

　その代表的なものとして、**OFDM**（Orthogonal Frequency Division Multiplexing）変調方式が挙げられる。OFDMでは、周波数軸上に異なる中心周波数を持つ複数のサブキャリアを直交して配置することにより、サブキャリア間の周波数間隔を密にし、周波数の利用効率を高めている。

ADSLで用いられている**DMT**（Discrete Multi Tone)変調方式は、OFDMをベースにした技術で、利用可能な帯域幅を多数の狭い帯域幅に分割し、それぞれを異なる搬送波を用いてQAM変調する。

表1　周波数変調方式

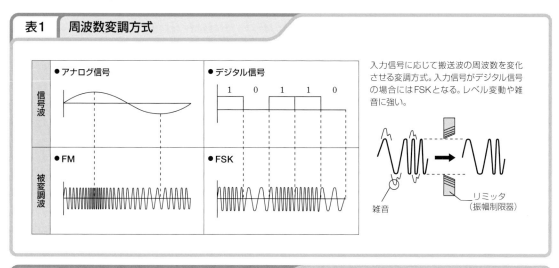

入力信号に応じて搬送波の周波数を変化させる変調方式。入力信号がデジタル信号の場合にはFSKとなる。レベル変動や雑音に強い。

表2　位相変調方式

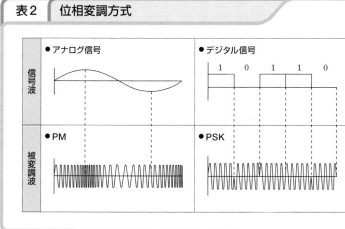

入力信号に応じて搬送波の位相を変化させる変調方式。入力信号がデジタル信号の場合にはPSKとなる。

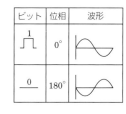

ビット	位相	波形
1	0°	
0	180°	

図1　4相位相変調

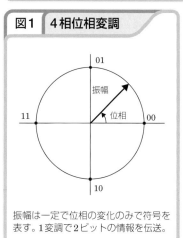

振幅は一定で位相の変化のみで符号を表す。1変調で2ビットの情報を伝送。

図2　8相位相変調

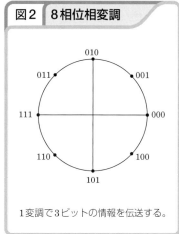

1変調で3ビットの情報を伝送する。

図3　直交振幅変調

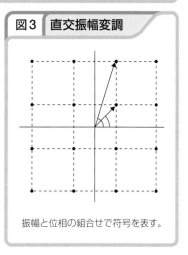

振幅と位相の組合せで符号を表す。

1. パルス変調方式

　AM、FM、PMなどの変調方式では、搬送波に単一正弦波などの交流を使用している。これに対し、パルス変調では、搬送波に方形パルス列を使用して原信号をパルスの振幅や間隔（位置）、幅などに変調する。また、パルス変調された信号をさらに符号化（2進コード化）したものがPCMである。

2. パルス変調方式の種類

　パルス変調方式は、アナログ変調方式とデジタル変調方式の2種類に大別できる。**アナログパルス変調方式**とは、被変調信号に含まれる情報の形態が連続量である変調方式をいう。これに対して、**デジタルパルス変調方式**は、被変調信号に含まれる情報の形態が離散量であるものをいう。原信号の形態が離散量である場合はもちろんのこと、原信号が連続量であっても、変調過程で量子化が行われるものはデジタルパルス変調である。

　アナログパルス変調方式の代表的なものとしては、パルス振幅変調（PAM）、パルス幅変調（PWM）、パルス位置変調（PPM）、パルス周波数変調（PFM）などが挙げられる。また、デジタルパルス変調方式には、パルス数変調（PNM）、パルス符号変調（PCM）などがある。

　パルス変調方式の分類を図1に、それぞれの出力パルスの比較を表1に示す。

3. アナログパルス変調方式

(a)パルス振幅変調(PAM)

　PAM（Pulse Amplitude Modulation）は、搬送波として一定周期、一定幅のパルスを使用し、原信号の振幅に比例してパルスの振幅を変化させる方式である。一般に、標本化によって得られるパルス列は時間的に離散的な値となるが、振幅については連続的に変化するアナログ変調の性質が残っている。

(b)パルス幅変調(PWM)

　PWM（Pulse Width Modulation）は、搬送波として振幅および周波数が一定の連続する矩形パルスを使用し、矩形パルスの幅を入力信号の振幅に対応して変化させる方式である。

(c)パルス位置変調(PPM)

　PPM（Pulse Position Modulation）は、原信号をPWM変換した後、その各出力パルスの立ち下がり点で、一定幅のパルスを得る変調方式である。パルスの幅と振幅は一定であるが、位相や周波数が原信号の振幅に対応して変化する。

(d)パルス周波数変調(PFM)

　PFM（Pulse Frequency Modulation）は、原信号をいったんFM信号に変換し、そのFM信号がある設定レベルになる度にパルスを発生させる方式である。パルスの幅と振幅は一定であるが、パルスとパルスの間隔が原信号の振幅に対応して変化する。

4. デジタルパルス変調方式

(a)パルス数変調(PNM)

　PNM（Pulse Number Modulation）は、原信号をPWM変換した後、その各出力パルスを一定の短い周期のパルスと論理積（AND）演算して出力パルスを得る方式である。単位時間内のパルス数が原信号の振幅に応じて変化する。

(b)パルス符号変調(PCM)

　PCM（Pulse Code Modulation）は、アナログの音声信号を一定時間間隔ごとにサンプリングしてその振幅値を符号化し、パルス信号としてデジタル伝送する方式である。原理的には、PNM方式における単位時間内のパルス数を2進符号に変換したものである。（→2-4）

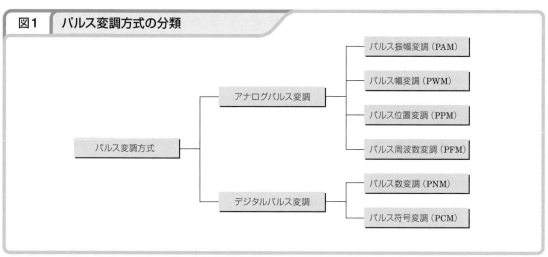

図1 パルス変調方式の分類

図2 各方式の比較

● パルス変調はアナログ信号を直流パルス列に変調するもので、**PCM**が代表的である。

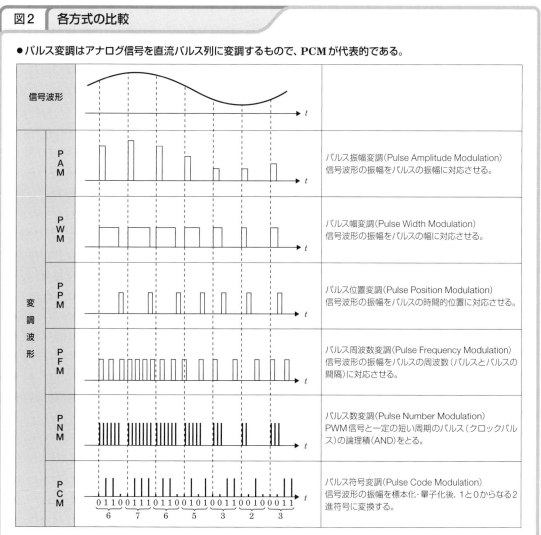

PCM（Pulse Code Modulation）伝送は、デジタル伝送の基本技術であり、**パルス符号変調**ともよばれる。音声などのアナログ信号をデジタル信号に変換し、パルス符号として伝送する場合、まず、入力信号は周期的に標本化され、次いで振幅軸上で離散的な数値に量子化され、さらにこれを伝送路の特性に整合した形式に符号化され伝送路に送出される。

1. 符号化・復号のしくみ

時間的に連続なアナログ信号をデジタル信号に変換する場合は、一般に、標本化→量子化→符号化という順序により行われる。

①標本化

音声信号などのアナログ信号から一定周期（サンプリング周期）で振幅を抽出することをいう。抽出された情報は抽出タイミング（標本点）における振幅に等しく、これを標本値という。標本化では、振幅を標本値に対応させたパルスをサンプリング周期に対応した一定の時間間隔で離散的に配置することにより、PAM信号を生成する。サンプリング周期は、後述する**標本化定理**に基づき求められる。

また、この標本化と逆の操作を**補間**といい、PAM信号のパルスとパルスの間を低域フィルタで埋めて元のアナログ信号波形を復元する。

②量子化

標本化で得られた標本値を離散的な値に変換することをいう。アナログ信号がとる値は連続量であり正確に表現するには無限の桁数が必要になるが、量子化では標本化されたパルスの振幅を有限桁の離散的な近似値に変換する。

図2-1は、日本国内で一般的に採用されている量子化の入出力伝達特性（midtread型）の例を示したものである。図において、入力信号レベルの目盛と目盛の中間に識別レベルを設定し、たと

えば入力信号レベルが3.5以上4.5未満であれば4を出力するといったように、量子化では入力信号レベルから代表値に変換する操作を行う。入力信号の識別レベルの間隔および出力レベルの目盛間隔は量子化の粗さを表し、入力信号レベルと出力レベルとの間の伝達特性が階段波特性で表現されることから**量子化ステップ**といわれる。

図2-1や図2-2のように量子化ステップが常に一定の大きさである場合を直線量子化などというが、直線量子化は信号が小さい場合SN比が悪くなるという短所があるため、音声電話の場合は、一般に入力振幅に応じて量子化ステップの大きさを変える**非直線量子化**が用いられている。非直線量子化はITU-T勧告G.711に規定されている。

③符号化

標本化によって得られた標本値を量子化した後、2進あるいは多進符号に変換する操作をいう。

符号化に必要なビット数は量子化ステップにより異なり、2進符号の場合、量子化ステップの数が128個であれば7ビット（$128 = 2^7$）が必要であり、256個であれば8ビット（$256 = 2^8$）が必要になる。符号化ビット数が1ビット増える（すなわち量子化ステップの数が2倍になる）ごとにSN比はおよそ6dB改善する。

なお、デジタル信号の中継伝送に用いられる符号形式は、伝送路の特性に適合したものが望ましく、符号変換装置により、直流成分のない符号列への変換、符号間干渉を軽減するための符号列への変換などが行われる。

④復号

デジタル伝送路より受け取ったパルスに符号化と逆の操作を施し、原信号を復元することをいう。

伝送路からの信号は、まず、復号器によって振幅のあるパルス列の信号に戻される。次いで、伸張器により、振幅のあるパルス列の信号からPAM信

号に戻される。さらに、標本化周波数の2分の1を遮断周波数とする低域フィルタによる補間操作で元の音声信号が復元され、出力信号となる。

2. シャノンの標本化定理

　標本化周波数は、シャノンの標本化定理に基づいている。この標本化定理とは、「**入力信号に含まれる周波数成分の最高周波数の2倍以上の速度で標本化を行えば、そのパルス列から元の**信号を再現できる」というものである。

　音声信号の標本化を例にとると、伝送に必要な周波数帯域は0.3～3.4kHzであるが、帯域制限に用いるフィルタなどの特性を考慮してその最高周波数に多少のゆとりをもたせて4kHzとすれば、標本化周波数はその2倍の8kHzとなる。デジタル加入者線交換機でのPCM符号化では、それぞれの標本値を8ビットで符号化していることから、音声1チャネルは64kbit/sに符号化される。

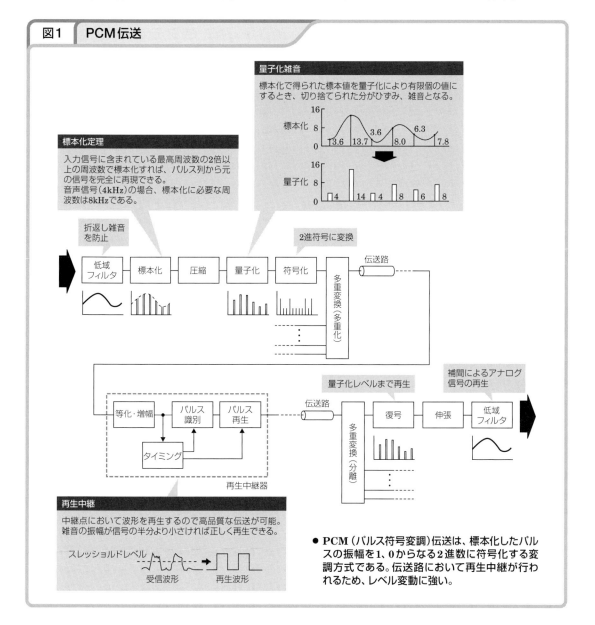

図1　PCM伝送

量子化雑音
標本化で得られた標本値を量子化により有限個の値にするとき、切り捨てられた分がひずみ、雑音となる。

標本化　3.6　13.7　3.6　8.0　6.3　7.8

量子化　4　14　4　8　6　8

標本化定理
入力信号に含まれている最高周波数の2倍以上の周波数で標本化すれば、パルス列から元の信号を完全に再現できる。
音声信号(4kHz)の場合、標本化に必要な周波数は8kHzである。

折返し雑音を防止

2進符号に変換

低域フィルタ → 標本化 → 圧縮 → 量子化 → 符号化 → 多重変換(多重化) → 伝送路

量子化レベルまで再生

補間によるアナログ信号の再生

等化・増幅 → パルス識別 → パルス再生　伝送路 → 多重変換(分離) → 復号 → 伸張 → 低域フィルタ

タイミング

再生中継器

再生中継
中継点において波形を再生するので高品質な伝送が可能。雑音の振幅が信号の半分より小さければ正しく再生できる。

スレッショルドレベル

受信波形　　再生波形

● PCM(パルス符号変調)伝送は、標本化したパルスの振幅を1、0からなる2進数に符号化する変調方式である。伝送路において再生中継が行われるため、レベル変動に強い。

3. 圧縮・伸張

PCM方式で音声信号を伝送するときは、一般に、入力する音声信号の大小にかかわらず、伝送後の信号電力と量子化雑音電力との比をほぼ一定にするため、音声信号に対して圧縮および伸張の処理が行われる。この場合、量子化雑音は音声信号レベルに関係なく一定であるため、圧縮器には、図3-1で表される入出力特性を持たせ、伸張器には図3-2で表される入出力特性を持たせる。

4. 再生中継

PCM伝送ではパルス波形を伝送するので、信号の伝送途中に雑音やひずみが加わってパルス波形が変形した場合でも、それが許容範囲内であれば、伝送路中に挿入された再生中継器により元のパルス波形を完全に再生することができる。このため、理論的には長距離伝送においても伝送中に雑音やひずみが累積されて増加していくことはなく、レベル変動もほとんどない。

再生可能な信号レベルは、スレッショルドレベル（識別判定レベル）といわれるしきい値（基準）で判断され、通常、雑音の振幅が信号の振幅の半分より小さければ再生に支障はない。

5. 符号化または復号の過程で発生する雑音

PCM方式によりアナログ信号を符号化し、再びアナログ信号に復号するまでにはいくつもの過程を経るが、これらの過程において、原理的にも、また、それを実際の回路素子を用いて実現する段階においても、さまざまな雑音が発生する。その具体的なものとしては、量子化の過程で発生する量子化雑音、標本化の過程で発生する折返し雑音、復号の過程で発生する補間雑音がある。

(a) 量子化雑音

標本化によって得られたPAMパルスの振幅を離散的な数値に近似する過程で誤差が生じるために発生する雑音である。この量子化雑音を避けることはできないが、量子化ステップを小さくする

ことにより軽減することはできる。

(b) 折返し雑音

入力信号の最高周波数(f_h)が標本化周波数(f_s)の2分の1以内に完全に帯域制限されていないために発生する雑音である。標本化前の入力信号の帯域制限が完全でない場合、$\frac{f_s}{2}$以上の信号スペクトルの成分が$\frac{f_s}{2}$を中心に折り返される。この折り返された信号スペクトルが復号の際に分離できないため、雑音となる。折返し雑音を避けるため、標本化スイッチの前段に高周波成分を除去する低域フィルタを配置する。

(c) 補間雑音

復号の補間ろ波の過程で、理想的な低域フィルタを用いることができないために発生する雑音である。標本化パルスの復号では、入力周波数の最高周波数(f_h)以上を全く通過させない理想低域フィルタで行う必要があるが、実際には物理的に実現できるフィルタで近似している。このため、伝送する信号帯域の最高周波数より上の周波数を完全に除去しきれず、高調波成分が混入して雑音となる。

6. 符号誤り

再生中継により信号を再生できる許容範囲を超えた外乱が生じる場合には、受信パルスの再生結果が元の信号と異なる**符号誤り**が生じる。

符号誤りは、主として中継伝送路における熱雑音、漏話雑音、電源雑音および符号間干渉などの妨害要因の振幅の総和がスレッショルドレベルを超えた際に発生する。いったん発生すると順次各中継器を経由して受信系に到達するため接続される中継器の数とともに増大するが、一般に、符号誤り率が小さい場合にはその相加は中継数に対して直線的とみなすことができる。

7. 音声の符号化における冗長度抑圧技術

音声信号にはかなりの冗長性が含まれており、この冗長性を利用すると、音声を伝送したり蓄積

したりする際に、音声の持つ情報を完全に送受しなくても、十分な品質の音声を再現することができる。従来のPCM方式に近い音声品質をより低いビットレートで得ることや、より高品質（広帯域）の音声を従来と同じビットレートで得ることを可能にする冗長度抑圧技術としては、次のようなものがある。

(a)非直線量子化

信号レベルの大きい領域は粗く量子化し、信号レベルの小さい領域は密に量子化することにより、同じビットレートでも量子化雑音を小さくできる。

(b)予測符号化

過去の入力信号から現在の入力信号を予測し、入力信号と予測値との差分信号を伝送することにより、符号化ビット数を減らすことができる。

(c)適応量子化

信号レベルに応じて量子化ステップサイズを変化させることにより、音声の有するダイナミックレンジに対応させつつ符号化ビット数を減らしても量子化雑音を増大させない方法である。

(d)帯域分割

入力信号をいくつかの周波数帯域に分割するとともに、各帯域の品質上の重要度に応じて各帯域ごとに符号化アルゴリズムや符号化ビット数を独立に設定することにより、全体として情報量を圧縮することができる。

図2　量子化特性

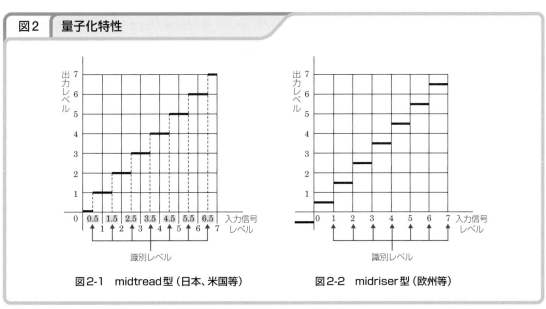

図2-1　midtread型（日本、米国等）　　　　図2-2　midriser型（欧州等）

図3　圧伸特性

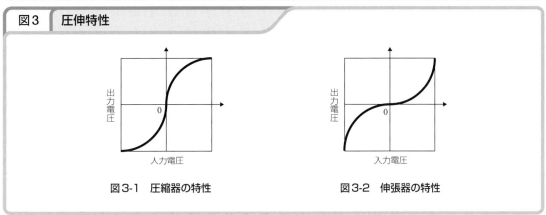

図3-1　圧縮器の特性　　　　図3-2　伸張器の特性

3 伝送路の技術

3-1 多重伝送

1. 多重伝送方式

　多重伝送とは、複数の伝送路の信号を1つの伝送路で伝送する技術である。

　伝送路の多重化方式には、大別すると、アナログ伝送路を多重化する**周波数分割多重方式**（FDM：Frequency Division Multiplexing）と、デジタル伝送路を多重化する**時分割多重方式**（TDM：Time Division Multiplexing）がある。

(a)周波数分割多重方式(FDM)(図1)

　FDMは、1つの伝送路の周波数帯域を複数の帯域に分割し、各帯域をそれぞれ独立した1つの伝送チャネルとして使用する。このチャネルはアナログ電話回線1通話路分として4kHzの帯域幅をもち以下のような信号処理により多重化される。

　まず、通話路－1の信号を搬送周波数$f_1 = 12$〔kHz〕で変調する。変調された信号の周波数分布はf_1を中心とした8kHzのDSB（両側波帯）となる。

　このDSBを**帯域フィルタ**(BPF)に通し、4kHz幅のSSBとして取り出す。

　次に、通話路－2の信号を搬送波周波数を4kHz高くした$f_2 = 16$〔kHz〕で変調し、通話路－1と同様に帯域フィルタを通して4kHz幅のSSBを取り出す。

　このように、搬送周波数を4kHzずつ上げ、各チャネルの信号を異なった周波数で変調していくことで、1つの伝送路の周波数帯域上に変調された信号を重複することなく順次配置する。

　受信側では帯域フィルタによって各チャネルの周波数帯域に分離する。

例　60～108kHzの帯域をもつFDM伝送路を1チャネル当たり4kHzの帯域幅で多重化したとき、確保できるチャネル数は次のように求めることができる。

$$\frac{108 - 60}{4} = \frac{48}{4} = 12〔ch〕$$

(b)時分割多重方式(TDM)(図2)

　デジタル伝送路における多重化には、TDMが用いられる。TDMは1つの伝送路を時間的に分割して複数の通信チャネルをつくりだし、各チャネル別にパルス信号の送り出しを時間的にずらして伝送する方式である。入力信号の各チャネルの信号をパルス変調しておき、伝送路へのパルス送出をCH_1、CH_2、CH_3の順で行う。このとき、チャネル数分だけ信号の時間的な幅（周期）を短くする必要があり、たとえば、パルスの繰り返し周期が等しいn個のPCM信号をTDMにより伝送するためには、最小限多重化後のパルスの繰り返し周期を元の周期の$\frac{1}{n}$倍に変換する必要がある。

2. ハイアラーキ

(a)アナログハイアラーキ

　アナログ伝送路上でのFDMにおいて、通話路を複数のチャネルグループにまとめ、このグループをさらに高い周波数の搬送波で変調する。

　これを群変調といい、周波数帯域上を段階的に上げていく方式をアナログハイアラーキという。

　アナログ伝送路の多重化は、基礎群→超群→主群→超主群→巨群というステップで行われる。

(b)デジタルハイアラーキ

　デジタル伝送路上でのTDMの場合も、段階的に多重化して速度（容量）を上げていく。これはデジタルハイアラーキとよばれる。

　わが国が採用している多重化のステップの方式は、64kbit/sの音声電話のPCMが基準となり、1次群～5次群という段階で行われている。1次群での多重度は、日本および北米では24チャネルであるのに対し、欧州では30チャネルであり、

多重化ステップが方式ごとに異なっていた。

1988年に同期デジタルハイアラーキ（SDH）とよばれる標準化されたデジタルハイアラーキが作られ、複数存在したデジタルハイアラーキの間で同期がとられている。

3. デジタル信号の時分割多重化技術

デジタル通信における時分割多重化技術には、デジタル電話交換方式や回線交換方式等のSTM（Synchronous Transfer Mode）で用いられる**位置多重方式**と、パケット交換方式やATM（Asynchronous Transfer Mode）方式等で用いられる**ラベル多重方式**がある。

(a)位置多重方式

位置多重方式は、時間軸上にあらかじめ定めたタイムスロットに周期的に情報を乗せて多重化するものである。転送する情報がないときはタイムスロットは利用されないまま空きになる。

(b)ラベル多重方式

ラベル多重方式では、情報ブロックの先頭に付加したラベル（ヘッダともいう）を用いて多重化を行う。転送する情報があるときだけ回線を割り当てるので、伝送路上の空きスロットを統計的に制御する**統計的多重化**を行うことにより、効率的な伝送が可能になる。

ラベル多重方式を採用している通信方式の1つに、パケット交換方式がある。パケット交換方式では、情報ブロックをパケットという。パケットは可変長のブロックであり、先頭には宛先等を示す情報が付加され、末尾には誤り制御用の情報が付加されている。誤り検出等の制御処理のため、パケット交換網では高速な情報転送が難しい。

これに対して、ATM方式では、すべての情報をセルといわれる53バイトの固定長ブロックに乗せて転送することにより、高速化を可能にしている。

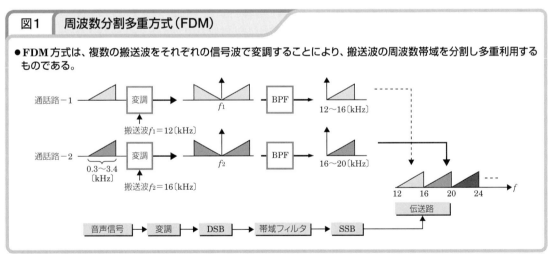

図1　周波数分割多重方式（FDM）

●FDM方式は、複数の搬送波をそれぞれの信号波で変調することにより、搬送波の周波数帯域を分割し多重利用するものである。

通話路－1　変調　f_1　BPF　12〜16〔kHz〕
搬送波f_1＝12〔kHz〕
0.3〜3.4〔kHz〕
通話路－2　変調　f_2　BPF　16〜20〔kHz〕
搬送波f_2＝16〔kHz〕
12　16　20　24　f
伝送路
音声信号 → 変調 → DSB → 帯域フィルタ → SSB

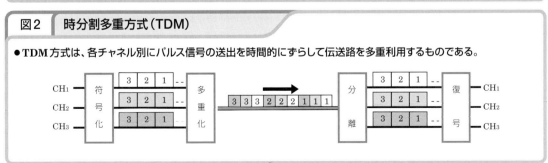

図2　時分割多重方式（TDM）

●TDM方式は、各チャネル別にパルス信号の送出を時間的にずらして伝送路を多重利用するものである。

CH₁　符号化　3 2 1　多重化　3 3 3 2 2 2 1 1 1　分離　3 2 1　復号　CH₁
CH₂　3 2 1　3 2 1　CH₂
CH₃　3 2 1　3 2 1　CH₃

3-2 メタリック伝送路、無線伝送路

1. フィルタの種類 (表1)

フィルタ(ろ波器)は、特定の範囲の周波数を通過、阻止する回路素子であり、多重化装置や電気通信回線の接続点において、信号の分離・選択を目的として使用される。

周波数の通過の範囲や特性に応じて**高域通過フィルタ、低域通過フィルタ**などの種類があり、通過または遮断させたい周波数に応じ選択される。

一般に、コンデンサとコイルを組み合わせた構成のLC回路であるが、抵抗、コンデンサ、演算増幅器(オペアンプ)で構成されたものもある。前者を**受動フィルタ**といい、後者を**能動フィルタ**(アクティブフィルタ)という。能動フィルタはコイルを使用しないため、小型化、IC化が可能である。

● フィルタの使用例(PCM伝送路)

音声信号から、標本化に必要な4kHzの帯域を取り出す際、低域通過フィルタを通過させる。

また、受信側では、復号操作後の量子化レベルから原信号を再生する際に低域通過フィルタを必要とする。このとき、フィルタの遮断周波数(通過・阻止の境界となる周波数)は標本化周波数の$\frac{1}{2}$である。

2. 重信回線

平衡対ケーブルで構成される2組の電気通信回線を平行に設置し、これらを実回線(側回線ともいう)として仮想的な回線をもう1本構成することができる。この仮想的な回線を重信回線といい、実回線2回線で3回線分を構成することができ、線路設備を有効に利用できる。(図1)

実回線数をnとすれば、重信回線を$\frac{n}{2}$回線構成することができる。たとえば8本の実回線から構成すると、全回線数は次のようになる。

$$8 + \frac{8}{2} = 12 \text{〔回線〕}$$

3. ハイブリッドコイル

2線式回線と4線式回線の接続点には、一般に、**ハイブリッドコイル**とよばれる変成器が挿入される(図2)。ハイブリッドコイルでは線路側と平衡回路網とのインピーダンスが整合されていることが条件で、平衡対ケーブルの2本の線の間隔のずれなどにより、インピーダンス整合がとれなくなると、4線式回線の一方の回線の信号が他方の回線に回り込み、反響や鳴音が起こる。最近ではIC化されたものがある。

4. 無線伝送路の伝送品質

中継区間の伝送路では、無線伝送の区間もあるため、次の現象が伝送品質に影響を与える。

(a) フェージング (図3)

マイクロ波などの無線伝送では、降雨や大気の屈折率の変化等の気象変化等が原因で、受信電界強度が時間的に変動する現象が起こる。これは**フェージング**とよばれ、受信信号のレベルが不規則に変動する。フェージング対策としては、互いに相関の少ない複数の受信アンテナを空間的に離して設置し、これらの受信入力から良好な入力を選択・入力することでレベル変動の影響を少なくするダイバーシチ受信等がある。

(b) 衛星通信回線による伝送遅延 (図4)

衛星通信回線を利用して通信を行うと、伝送遅延が発生する。人工衛星を経由する通信には、静止衛星を使用するものと、周回衛星を使用するものがある。静止衛星は地球の自転と同じ23時間56分4秒の周期で周回するために地表からの見かけ上は静止しており、周回衛星は地球の自転周期とは無関係に数時間で1周する。

静止衛星は、赤道上空約36,000km（重力と遠心力がつり合った軌道）に位置しており、日本にある地球局との距離は約40,000～50,000kmになる。したがって、1中継した場合、地球局→衛星→地球局の中継距離は約80,000～100,000kmとなる。電磁波の伝搬速度が約300,000km/sであるから、この間の信号の伝搬時間は約0.3秒となる。

周回衛星は、低高度軌道、中高度軌道衛星ではそれぞれ500～1,500km、数千～20,000km程度の高度であるため、静止衛星に比べて遅延時間が小さくなる、送信電力が低減できる、端末装置の小型化が可能であるとった利点がある。欠点としては、1機当たりのカバー可能範囲（地域）が狭く、地上の無線設備と交信できる時間も限られているため、数多くの衛星を用意して切り替えを行わなければならないことが挙げられる。位置測定に利用されているGPS衛星は、高度約21,000kmに24個の衛星が配備されている。

表1 フィルタの種類

● フィルタは信号の選択・分離に使用され、遮断周波数を境に信号を通過あるいは阻止する。

種類		機能	周波数特性	回路構成例
アナログ	受動	高域通過フィルタ（HPF：High Pass Filter）ある周波数よりも高い周波数を通過させる		
		低域通過フィルタ（LPF：Low Pass Filter）ある周波数よりも低い周波数を通過させる		
		帯域通過フィルタ（BPF：Band Pass Filter）ある周波数からある周波数までの帯域を通過させる		
		帯域阻止フィルタ（BEF：Band Elimination Filter）ある周波数からある周波数までの帯域を阻止する		
	能動	アクティブフィルタともよばれる。抵抗、コンデンサ、演算増幅器（OPアンプ）から構成され、帰還回路に周波数特性を持たせている。受動フィルタに比べ、減衰等が少ない。		
デジタル		加算器、乗算器、単位時間遅延素子等を用い、アナログ信号をいったんデジタル信号に変換して演算処理を行うことにより特定の周波数帯域の信号を取り出し、これをアナログ信号に再変換する。フィルタの精度を上げるためには、アナログ信号をデジタル信号に変換するときに量子化ステップを小さくする必要がある。		

図1 重信回線

● 平衡対ケーブル（2線）2回線を用い、もう1回線構成して3回線とするとき、このようにしてつくられた仮想的な回線を重信回線という。

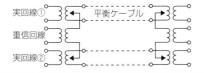

図2 ハイブリッドコイル

● 2線式と4線式の変換には、ハイブリッドコイルを挿入する。

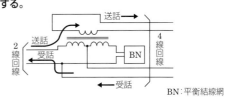

BN：平衡結線網

図3 フェージング

● 伝送路の状態により電波の受信電界強度が時間的に変動する現象。

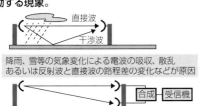

降雨、雪等の気象変化による電波の吸収、散乱あるいは反射波と直接波の路程差の変化などが原因

図4 衛星通信回線による伝送遅延

● 1中継した場合の伝送遅延は約0.3秒となる。

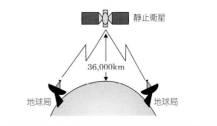

3-3 光通信システム

光通信システムは、光パルスを用いて信号を伝送するもので、システムの入口で電気信号を光パルスに変換し、光ファイバを用いて送り、出口で光パルスから元の電気信号を復元する。

光通信システムは、一般に、伝送路である光ファイバと、電気から光への信号変換（E/O変換）を行う送信装置と、光から電気への信号変換（O/E変換）を行う受信器からなる端局装置で構成されている。また、必要に応じて、伝送路途中に中継装置が入ることがある。

1. 光ファイバ伝送路

(a)光ファイバの構造と特徴

光ファイバは、石英ガラスやプラスチックなどの透明な材料で製造された心線で、**コア**といわれる透明の中心誘電体と、コアに比較して屈折率が低い**クラッド**といわれるスリーブ状の透明誘電体から構成されている。光ファイバのコアに入射した光は、コアとクラッドの境界面付近で全反射を繰り返しながら進んでいく。光信号はコア内に閉じ込められるため、伝送損失が少なく、漏話も実用上無視できる。また、電磁誘導の影響も受けにくい。

(b)光ファイバの分類

・屈折率分布による分類

光ファイバは、コアの屈折率分布の違いにより2種類に大別され、コアの屈折率分布が緩やかに変化する**グレーデッドインデックス形**（GI形）と、屈折率が階段状に変化する**ステップインデックス形**（SI形）がある。

・伝搬モード数による分類

また、伝搬モード数による分類もあり、伝搬モードが1つしか存在しない**シングルモード**（SM形）光ファイバと、複数の伝搬モードが存在する**マルチモード**（MM形）光ファイバがある。

光ファイバのコアとクラッドの境界面における伝搬可能な反射角度は、特定の離散的なものに限られ、特定の反射角度を保ちつつコア内に閉じ込められ伝搬する特定の伝搬の仕方を、光の**伝搬モード**という。光の伝搬モードの総数は、スネルの法則による全反射条件のために有限個（離散的）であり、伝搬モードの次数は、反射角の小さい伝搬モードから順に、0次、1次、2次、…などとされている。このうち、0次の伝搬モードを基本モードといい、1次以上の伝搬モードを高次モードという。

コア内の屈折率が均一なSI形光ファイバにおいては、光ファイバが伝搬できるモード数は、コアとクラッドの間の比屈折率差、位相定数、コア径、コアの屈折率などで決まり、コアとクラッドの間の屈折率やコア径を小さくしていくと、伝搬可能なモード数が減少していき、最終的には基本モードのみが伝搬可能となる。この基本モードのみ伝搬できる光ファイバは、シングルモード光ファイバといわれる。また、基本モードだけでなく高次モードまで伝搬できる光ファイバはマルチモード光ファイバといわれる。

2. 送信装置

光通信システムにおける送信装置の主な機能は、発光素子により光を発生する発光機能と、光に情報信号を付与する変調機能である。

(a)発光機能

光源となる発光素子としては、一般に、**半導体レーザダイオード**（LD：Laser Diode）や**発光ダイオード**（LED：Light Emitting Diode）が用いられている。

LDは、発光原理に誘導放出を利用した半導体光デバイスである。LEDと比較して応答速度が速く、また、発光スペクトル幅が狭いため、高速・広帯域の伝送に適している。

LEDは、自然放出を発光原理とする半導体光

デバイスである。LDと比較して変調可能帯域が狭く、スペクトル幅が広いが、製造コスト、寿命などの面で優れているため、短距離系の光通信システムで用いられることが多い。

図1　光ファイバ伝送の原理

● 光ファイバ伝送方式は、電気信号を光信号に変換して伝送するもので、広帯域、高品質な伝送が可能である。

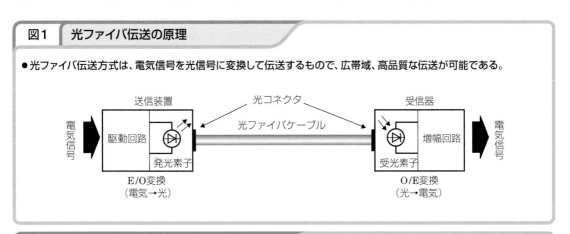

表1　光ファイバの種類と伝搬モード

	多モード(MM)形		単一モード(SM)形
	ステップインデックス(SI)形	グレーデッドインデックス(GI)形	
光信号の伝搬方法と屈折率分布	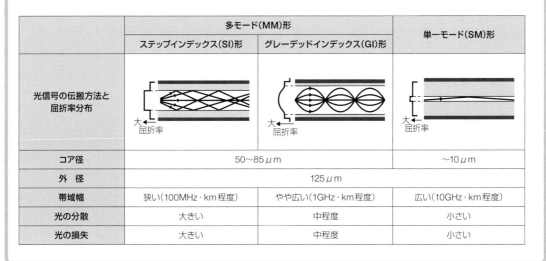		
コア径	50〜85μm		〜10μm
外径	125μm		
帯域幅	狭い(100MHz・km程度)	やや広い(1GHz・km程度)	広い(10GHz・km程度)
光の分散	大きい	中程度	小さい
光の損失	大きい	中程度	小さい

図2　光素子の種類と特性

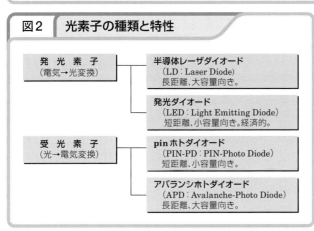

発光素子（電気→光変換）
- 半導体レーザダイオード（LD：Laser Diode）長距離、大容量向き。
- 発光ダイオード（LED：Light Emitting Diode）短距離、小容量向き。経済的。

受光素子（光→電気変換）
- pinホトダイオード（PIN-PD：PIN-Photo Diode）短距離、小容量向き。
- アバランシホトダイオード（APD：Avalanche-Photo Diode）長距離、大容量向き。

自然放出：外部電磁界の存在に依存しない速度で起こる励起状態にある系からの光放出をいう。

誘導放出：励起状態にある系と入射電磁波との相互作用の結果として起こる、同じ周波数の電磁波の放出をいう。

励起状態とは、基底状態（ある量子力学系の定常状態のうち、最低のエネルギー状態）より高いエネルギー量子状態をいう。なお、励起とは、原子、原子核、分子、電子、イオンなどの粒子またはそれらで構成される固体、液体、気体に外部からエネルギーを与えてエネルギーの低い状態から高い状態へ遷移（量子力学系が、ある定常状態から他の定常状態に移る現象）させることをいう。

（JIS C 5600電子技術基本用語より）

(b)変調機能

光ファイバ伝送では、一般に、安定した光の周波数や位相を得ることが難しいため、周波数変調や位相変調には向かない。このため、電気信号の強さに応じて光源の光の量を変化させる**強度変調**（**振幅変調**）が行われる。

光を強度変調する方法には、LDやLEDを電流制御により**直接変調**する（点滅させる）方法（図3-1）と、LD光源からの一定の強さの光を**外部変調**する方法（図3-2）がある。近年は、データ伝送の高速・大容量化が著しく進んでおり、直接変調方式の場合、半導体レーザを数十GHz以上の高速で変調すると、瞬時的なキャリアの変動で活性層の屈折率が変動し光の波長が変動する**波長チャーピング**により伝送特性が劣化することから、外部変調方式が広く採用されている。

外部変調方式で用いられる光変調器には、**電気光学効果**（**ポッケルス効果**）を利用して透過信号光の位相を電気的に変化させるものや、**電界吸収効果**（量子閉じ込めシュタルク効果）を利用して透過信号光の強度を変化させるものなどがある。

電気光学効果は、物質に電圧を加え、その強度を変化させると、その物質における光の屈折率が変化する現象である。また、電界吸収効果は、電界強度を変化させると、化合物半導体の光吸収係数の波長依存性が変化する現象である。

3. 受信器

光ファイバを通して送られてきた光信号を電気信号に変換する機能を有するもので、受光素子として、一般に、**ホトダイオード**（**PD**）や**アバランシホトダイオード**（**APD**）が用いられる。

PDは、pn接合面に光が当たると光の吸収により電流が流れる現象を利用したものである。光ファイバ通信では、p形半導体とn形半導体の間にi層（真性半導体の層）を挿入することで応答速度を改善した**pinホトダイオード**（**PIN – PD**）が使用される。

APDは、電子なだれ降伏現象による光電流の内部増倍作用を利用するもので、PDと比較して受光感度が優れている（10～20〔dB〕程度）。ただし、PDに比べて雑音が多く発生する、動作電圧が高いなど不利な点もある。

このため、PDとAPDは、光通信システムの要求条件に応じて使い分けられている。

4. 中継装置

中継装置は、光ファイバ伝送路で減衰した光信号を元の信号レベルにまで回復するための装置である。これには、光信号をいったん電気信号に変換して電気領域で信号処理を行い、再び光信号に変換する光再生中継器や、光信号のまま直接増幅する線形中継器などがある。

(a)光再生中継器

光再生中継器は、受信した信号パルスを送信時と同じ波形に再生して伝送路に送出する装置で、一定の伝送路間隔に設置することにより、長距離にわたって高品質な信号を送ることが可能となる。伝送途中で発生した雑音やひずみなどにより減衰劣化した信号波形を再生中継するために、等化増幅（Reshaping）、タイミング抽出（Retiming）、識別再生（Regenerating）のいわゆる3R機能を有している。

・等化増幅（Reshaping）

等化増幅は、減衰劣化した信号パルスをパルスの有無が判定できる程度まで増幅する機能である。

・タイミング抽出（Retiming）

タイミング抽出は、信号パルスを正確な時間位置で識別再生するために、受信信号パルスからクロック周波数成分を抽出する機能である。

・識別再生（Regenerating）

識別再生は、等化増幅後の"0"、"1"を識別し、元の信号パルスを再生して伝送路に送り出す機能である。

(b)線形中継器

線形中継器は、光信号を電気信号に変換せず、光増幅器により光信号を直接増幅して中継するもので、波形整形機能や識別再生機能は有しておらず、**増幅機能のみ**（1R）を有する。このため、中継

数の増加に伴い光雑音が累積することでSN比が低下したり、光ファイバの分散による波形劣化が増大したりして、伝送システムの符号誤り特性に悪影響を及ぼすことがある。利点としては、符号速度や符号形式を制約する要因である電子回路類をもたず中継器内で使用する能動素子数が少ないため小形で低消費電力の中継装置を実現できることや、光信号をそのまま直接増幅しているため超高速領域まで柔軟に伝送速度を選択できること、波長分割多重（WDM：Wavelength Division Multiplex）伝送において複数波長を一括して増幅できるため伝送容量を大幅に拡大できることなどが挙げられる。

　線形中継器には、増幅機能を実現するための増幅器として、図5のような**エルビウム添加**

光ファイバ増幅器（**EDFA**：Erbium Doped Fiber Amplifier）を用いた方式が広く普及している。EDFAは、コア部分の材料に希土類元素のエルビウムイオン（Er^{3+}）を添加した増幅用光ファイバ（EDF）と信号および励起光を合成・分離するための回路を配置し、励起用の半導体光源（LD）を接続した構造となっている。また、光増幅器の反射による発振を防止するための光アイソレータ、増幅用光ファイバ内で発生する自然放出光や吸収されなかった励起光を除去する光フィルタが取り付けられている。複数の励起LDからの励起光（波長0.98〔μm〕または1.48〔μm〕）は、一般に、光カプラなどにより合波され、EDFに導入される。これにより、EDFは波長1.55μm帯での光増幅が可能となり、信号光を増幅する。

図3　光を強度変調する方法

図3-1　直接変調方式

図3-2　外部変調方式

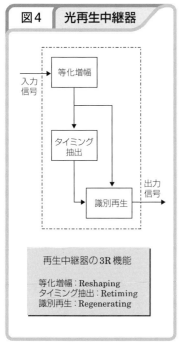

図4　光再生中継器

再生中継器の3R機能

等化増幅：Reshaping
タイミング抽出：Retiming
識別再生：Regenerating

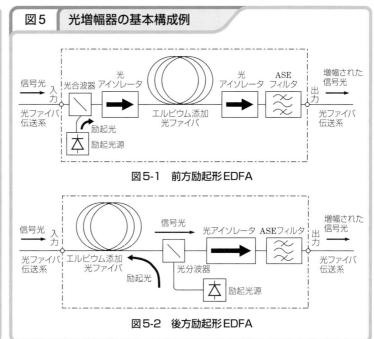

図5　光増幅器の基本構成例

図5-1　前方励起形EDFA

図5-2　後方励起形EDFA

3-4 光ファイバの伝送特性

光ファイバの伝送特性は、一般に、光損失とベースバンド周波数特性により特徴づけられる。

1. 光損失

光ファイバの光損失とは、光ファイバを伝搬する光の強度がどれだけ減衰するかを示す尺度をいい、光損失が小さいということは、信号を伝搬できる距離が長いことを示している。光ファイバ固有の光損失には、レイリー散乱損失、吸収損失、光ファイバの構造不均一による散乱損失があり、一般に、レイリー散乱損失と吸収損失が全損失の大部分を占める。

(a)レイリー散乱損失

光ファイバを製造する過程において、急激な冷却により光ファイバ内に密度や組成の揺らぎ（屈折率の変化）が発生するために生じる光損失をいう。これは、材料固有の損失であり、避けることはできない。レイリー散乱による光損失の大きさは、光波長の4乗に反比例する。

(b)吸収損失

光ファイバ材料が光を吸収し、その光エネルギーが熱に変換されることによって生じる光損失をいう。光ファイバ内にある水酸化物イオン（OH⁻）などの不純物によるものと、光ファイバ材料特有のものとがあり、光ファイバ材料特有の損失は取り除くことができないため、不純物による損失をいかに小さくするかが低損失化の重要な要素となる。吸収損失による光損失の大きさは光波長によって異なり、0.85μm、1.3μmおよび1.55μm付近の波長の光は損失が小さいため、光通信によく用いられる。

(c)構造不均一による散乱損失

コアとクラッドの境界面での構造不完全、マイクロベンドといわれる微小な曲がり、微結晶などによって引き起こされる構造不均一性による光損失をいう。これは光ファイバの製造技術にかかわ

る損失であり、伝搬する光の波長に依存しない。

2. 光ファイバのベースバンド周波数特性

光ファイバのベースバンド周波数特性を決定する主要因は分散である。分散は、光ファイバに入射された光パルスが伝搬されていくにつれて時間的に広がった波形になっていく現象をいう。分散は、その発生要因別に、材料分散、構造分散、モード分散の3つに分けることができる。

単一モード（SM形）光ファイバではモード分散がなく、材料分散と構造分散の和である波長分散が帯域を制限する要因になっている。一方、多モード（MM形）光ファイバでは伝送帯域がほとんどモード分散によって制限され、波長分散の影響は小さい。

(a)波長分散

材料分散および構造分散は、大きさが光の波長に依存することから、波長分散ともいわれる。

・材料分散

均一な媒質中であっても光の波長によって屈折率が異なるために伝送速度に差ができ、また、1つの光信号に使用される光が厳密に単一の波長ではなくある幅を持っているために、光が進んで行くにしたがって信号の波形が広がっていく現象である。

・構造分散

光ファイバのようにコアとクラッドの屈折率の差が小さい場合、境界面で全反射するときに光の一部がコアからクラッド部分へしみ出す。このしみ出しの割合は、光の波長によって異なり、波長によって伝搬距離に違いが生じるために、光が進んで行くにしたがって信号の波形が広がっていく現象である。

(b)モード分散

MM形光ファイバにおいて、各伝搬モードの伝送経路が異なるために生じる分散である。MM

形光ファイバでは、多くの伝搬モードが存在し、中心軸から遠いコアの周辺付近を迂回しながら伝搬するモードは、コアの中心軸部分をまっすぐに伝搬するモードに比べて伝搬距離が長くなるため、伝搬時間に差が生じて帯域幅が小さくなる。この対策として、中心軸から遠い経路を通るモードの伝搬速度を上げて、経路ごとに信号の到着時間に差が出ないようにしたものがGI形光ファイバである。

3. 光ファイバのパラメータ

光ファイバのパラメータには、屈折率などの光学特性に係るものと、光ファイバの寸法など構造に係るものがある。

(a)光学特性に係るパラメータ

光の伝搬に重要な意味をもつパラメータで、コアとクラッドの屈折率の違いの程度を表す**比屈折率差**や、光ファイバへの光の入射条件を示す**開口数**などがある。

比屈折率差Δは、コアの屈折率をn_1、クラッドの屈折率をn_2とすれば、

$$\Delta = \frac{n_1{}^2 - n_2{}^2}{2n_1} \fallingdotseq \frac{n_1 - n_2}{n_1}$$

の式で表される。

また、開口数NAは、光ファイバの端面から円錐状に出射する光の広がりの度合いを表すもので、出射する最大円錐状光線の頂点の角度である受光角2θを用いて表すと、

$$NA = \sin\theta = \sqrt{n_1{}^2 - n_2{}^2}$$

となる。

(b)構造に係るパラメータ

光ファイバの接続損失に大きく影響を及ぼすパラメータである。コアの直径を表す**コア径**（SM形光ファイバの場合は**モードフィールド径**）や、クラッドの直径を表す**クラッド径**、コアやクラッドの外周が真円からどれだけずれているかを表す**非円率**、コア中心とクラッド中心のずれの距離のコア径に対する比で表される**偏心率**などがある。

表1	光ファイバにおける分散現象の種類

分散現象		発生要因および特徴
波長分散	材料分散	光ファイバの材料がもつ屈折率は、光の波長によって異なった値をとる。これが原因でパルス波形に時間的な広がりを生じる現象で、伝送帯域を制限する要因となる。
	構造分散	コアとクラッドの境界面で光が全反射を行う際、光の一部がクラッドへ漏れ、パルス幅が広がる現象である。光の波長が長くなるほど光の漏れが大きくなる。
モード分散		光の各伝搬モードの経路が異なるために到達時間に差が出て、パルス幅が広がる現象である。伝送帯域を制限する要因となる。多モード(MM形)光ファイバのみに起こり、単一モード(SM形)光ファイバでは起こらない。

図1	光学特性に係るパラメータ

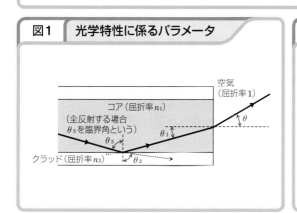

図2	構造に係るパラメータ

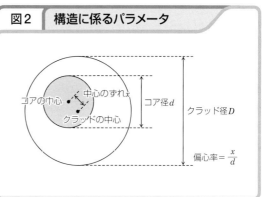

3-5 アクセス系の光伝送網

1. 光アクセス系の網構成

光アクセス系の網構成には、シングルスター(Single Star)構成法によるものと、ダブルスター(Double Star)構成法によるものがある。

(a)シングルスター構成法(SS)

最も基本的な構成法であり、図1のように光ファイバを各ユーザが占有する。古くから高速デジタル専用線サービスやISDN一次群速度インタフェースの光アクセス系に用いられてきた。

(b)ダブルスター構成法

光ファイバを複数のユーザが共用するもので、その網形態から、シングルスターに対してダブルスターと呼ばれている。ダブルスター構成法は、さらに、図2のような**アクティブダブルスター(ADS:Active Double Star)**方式と、図3のような**パッシブダブルスター(PDS:Passive Double Star)**方式に分類される。

・ADS方式

複数のユーザ回線からの電気信号を、ユーザ宅とサービスノードが設置されるビル(センタ)との間に設置される**RT(Remote Terminal)**という多重化装置で多重化するとともにE/O・O/E変換を行い、RTからサービスノードまでの光ファイバ等の設備を共用する方式である。

・PDS方式

ADS方式のRTに代わり、光スプリッタあるいは光スターカプラと呼ばれる**光受動素子**を用いて1本の光ファイバから数十本の光ファイバへの分岐・結合を行い、ポイント・ツー・マルチポイント(1対多)でE/O・O/E変換を行うことなく送受信する方式である。光スターカプラや加入者線路区間での光損失により伝送距離が制限される等の問題があるが、光スターカプラがRTに比べて著しく低コストであることや、設置上の制約が少ない

ことから、導入が進んでいる。

2. 双方向多重伝送方式

光アクセスネットワークでの双方向多重伝送方式として、TCM(時間軸圧縮多重:Time Compression Multiplexing)方式やWDM(波長分割多重:Wavelength Division Multiplexing)方式、SDM(空間分割多重:Space Division Multiplexing)方式等が用いられている。

(a)TCM方式

送信パルス列を時間圧縮して2倍以上の速度にしたバースト状のパルス列で送信し、時間圧縮によって空いた時間に反対方向からのバースト状のパルス列を受信する方式である。上り、下り信号を時間を分けて交互に伝送することにより、光ファイバケーブル1心(1本)で双方向多重伝送を行うことを可能にしている。

(b)WDM方式

波長多重化技術を用いて1心の光ファイバに複数の異なる波長の光信号を多重化し、大容量データを高速に伝送する方式で、上り、下り方向それぞれに対して個別の波長を割り当てることにより、光ファイバケーブル1心で双方向多重伝送を行うことが可能になる。

・DWDM(Dense WDM)方式

数十から数百程度の高密度の多重化を行って伝送する方式をいう。長距離化、大容量化に適している。光源の波長変動を抑えるための制御を行う必要がある。

・CWDM(Coarse WDM)方式

DWDMは波長間隔が1nm(ナノメートル)程度と極めて狭く、高精度な部品の使用や温度制御等が必要になり、コスト高になる。このため、波長間隔を粗くし、数波長から数十波長程度の低密度の多重化により、温度変動による光源の波長変

動が生じても、通信に対する影響が少なくなるようにした方式である。DWDM方式に比べて、使用部品に対する要求条件を緩和できる。

(c)SDM方式

　上り、下り方向それぞれに対して個別に光ファイバを割り当てて双方向多重伝送を行う、最も単純な方式である。

3. 伝送品質の劣化要因

　光ファイバ通信において、受信端におけるSN比の低下や符号誤り特性への悪影響など、伝送品質が劣化する要因としては、雑音、波形劣化、非線形光学効果、各種電気回路の調整誤差、光ファイバケーブルの経年劣化などがある。

(a)雑音

　発光素子の入力電気信号自体に重畳している**発光源雑音**、光ファイバの波長分散や発光素子のスペクトルの時間的変動などにより発生する**モード分配雑音**、光信号の増幅に伴い自然放出光の一部が誘導放出により増幅されて発生する**ASE雑音**、受光デバイスにおいて入力光信号が

ない場合でも受光素子の中を流れる**暗電流**により生じる雑音、受光デバイスにおいて入力光信号の時間的なゆらぎによって生じる**ショット雑音**、受光デバイスにおいて入力光とは無関係に発生する**熱雑音**などがある。

(b)波形劣化

　通信で用いられる光は、波長スペクトルに広がりを持つため、波長ごとに伝搬時間差があることから、波長分散による波形劣化が生ずる。

(c)非線形光学効果

　光ファイバを伝搬する光のエネルギー密度が高くなると、光ファイバ材料の屈折率が変化する現象をいう。非線形光学効果には、光信号そのものの光強度に依存して光ファイバの屈折率が変化することにより光信号スペクトルが広がる**自己位相変調**や、異なる3つの波長の光が光ファイバ中に入射したときに新たな波長の光が生ずる**四光波混合**などがある。

(d)電気回路の調整誤差

　等化増幅器の偏差、パルス識別回路の基準レベルの設定誤差などにより伝送品質が劣化する。

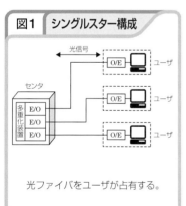

図1　シングルスター構成

光ファイバをユーザが占有する。

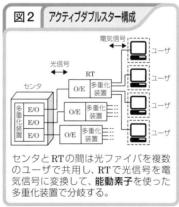

図2　アクティブダブルスター構成

センタとRTの間は光ファイバを複数のユーザで共用し、RTで光信号を電気信号に変換して、**能動素子**を使った多重化装置で分岐する。

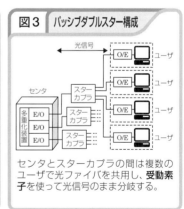

図3　パッシブダブルスター構成

センタとスターカプラの間は複数のユーザで光ファイバを共用し、**受動素子**を使って光信号のまま分岐する。

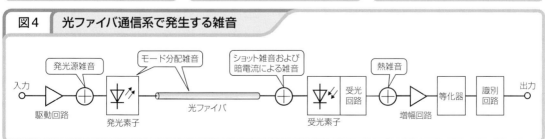

図4　光ファイバ通信系で発生する雑音

参照

問1

次の各文章の _____ 内に、それぞれの [　　] の解答群の中から最も適したものを選び、その番号を記せ。

(1) LANにおいても使用されている伝送方式の一つで、送信する符号化されたデータのデジタル信号をアナログ信号に変換し、搬送波に乗せて伝送する方式は、一般に、_____ 伝送方式といわれている。

　　　[① TCM　　② ベースバンド　　③ ブロードバンド
　　　④ TDM　　⑤ FDM]

☞136ページ
2 ベースバンド伝送と帯域伝送

(2) ベースバンド伝送方式において、パルスの最短エレメント時間長が0.65マイクロ秒であるデジタル信号のデータ信号速度は、約 _____ メガビット/秒である。

　　　[① 0.65　　② 1.54　　③ 6.15]

☞136ページ
4 データ伝送速度の表しかた

(3) 多相位相変調方式で伝送路に送出される信号は、一つの位相において、複数ビットの情報量を持つことができ、_____ 相位相変調方式では、3ビットの情報を伝送することができる。

　　　[① 2　　② 4　　③ 6　　④ 8]

☞142ページ
3 多値変調方式

(4) アナログ伝送路における雑音には、熱雑音、変調器や増幅器の _____ により生じる相互変調雑音、回線相互間の静電結合又は電磁結合により生じる漏話雑音等がある。

　　　[① 非直線性　　② 発振　　③ 量子化　　④ 極性]

☞126ページ
3 雑音

(5) 人間の聴覚は、電話回線の伝送品質に影響を与える要因のうち、_____ に対して敏感である。

　　　[① 微分位相　　② 冗長度
　　　③ 位相ひずみ　　④ 減衰ひずみ]

☞126ページ
1 伝送ひずみ

(6) デジタル回線の伝送品質を評価する尺度の一つである _____ は、1秒ごとに平均符号誤り率を測定することにより、誤り率が 1×10^{-3} を超える符号誤り率の発生した秒数の、測定時間(秒)に占める割合を示したものである。

　　　[① %SES　　② %ES　　③ %EFS　　④ BER]

☞138ページ
3 伝送品質

(7)　伝送速度が64キロビット/秒の回線で、ある100秒間の誤り率を測
定したところ、特定の2秒間にビットエラーが集中して、それぞれ58個
と6個発生した。このときの%*ES*の値は、 ＿＿＿＿ ％となる。

☞138ページ
3　伝送品質

〔①　1×10^{-5}　　②　2　　③　98　　④　1×10^{5}〕

問2

次の各文章の ＿＿＿＿ 内に、それぞれの〔　　〕の解答群の中から最
も適したものを選び、その番号を記せ。

(1)　図は、振幅変調装置の出力波形を示したものである。この振幅変調
の変調度は、 ＿＿＿＿ である。

☞140ページ
2　変調度

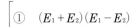

①　$(E_1 + E_2)(E_1 - E_2)$　　②　$\dfrac{E_1 + E_2}{E_1 - E_2}$　　③　$\dfrac{E_2}{E_1}$

④　$\dfrac{E_1 - E_2}{E_1 + E_2}$　　　　⑤　$E_1 \times E_2$

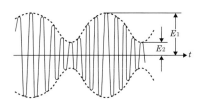

(2)　アナログ方式の変調技術にはAM変調とFM変調などがある。AM
変調とFM変調とを比較した次の記述は、 ＿＿＿＿ が正しい。

☞140ページ
1　振幅変調方式
☞142ページ
1　周波数変調方式

　①　AM変調では搬送波の周波数が変化するが、FM変調では搬
送波の振幅が変化する。

　②　同じ音声信号を伝送する場合、一般に、被変調波の伝送帯域
は、AM変調と比較し、FM変調の方が狭い。

　③　同じ音声信号を伝送する場合、FM変調は、AM変調より良
好な*SN*比を示す。

　④　AM変調の回路構成は、通常、FM変調の回路構成より、複
雑である。

(3)　 ＿＿＿＿ 変調方式では、搬送波の周波数をf_cとし、信号波の周波
数をf_vとすると、変調器の出力はf_c及び二つの側波（$f_c + f_v$、$f_c - f_v$）に
なる。

☞140ページ
3　側波帯伝送

　〔①　位　相　　②　周波数　　③　振　幅　　④　パルス符号〕

(4) 振幅変調によって生じた上側波帯と下側波帯のいずれかを伝送する
　方法に使用される変調方式は、[　　　　]方式といわれる。

　　　[① DSB　② SSB　③ VSB]

☞140ページ
3　側波帯伝送

(5) 伝送帯域内で二つの異なる周波数の搬送波を用い、それぞれの搬
　送波を符号ビット"1"、"0"に対応させて送信する変調方式は、
　[　　　　]といわれる。

　　　[① 位相変調　② PWM　③ PCM
　　　④ 振幅変調　⑤ FSK]

☞142ページ
1　周波数変調方式

(6) アナログ伝送路を用いてデータ伝送を行う場合、8相位相変調方式
　は4相位相変調方式と比較して、変調速度が同じならば、データ信号
　速度は[　　　　]倍になる。

　　　[① 1.5　② 2.0　③ 3.0　④ 4.0　⑤ 6.0]

☞142ページ
3　多値変調方式

(7) データ伝送用に利用可能な帯域幅を複数の狭い帯域幅に分割し、
　そのそれぞれを異なる搬送波を用いたQAM方式で変調して、送信
　データに対応させるADSL（非対称デジタル加入者線）で利用される
　変調方式は、[　　　　]方式といわれる。

　　　[① PAM　② CAP　③ PCM
　　　④ PWM　⑤ DMT]

☞142ページ
3　多値変調方式

問3

　次の各文章の[　　　　]内に、それぞれの[　　]の解答群の中から最
も適したものを選び、その番号を記せ。

(1) パルス変調方式には、大別して、アナログパルス変調方式とデジタル
　パルス変調方式とがある。PCMや[　　　　]は、デジタルパルス変調
　方式といわれる。

　　　[① PAM　② PWM　③ PPM
　　　④ PNM　⑤ PFM]

☞144ページ
2　パルス変調方式の種類

(2) 搬送波として連続する矩形パルスを使用し、矩形パルスの幅を入力
　信号の振幅に対応させて変調する方式は、[　　　　]方式といわれる。

　　　[① PCM　② PAM　③ PPM
　　　④ PWM　⑤ PTM]

☞144ページ
3　アナログパルス変調方式

(3) PCM方式では、アナログ信号を [   ] の過程により、デジタル信号に変換する。

　　① 量子化→標本化→符号化　　② 符号化→標本化→量子化
　　③ 量子化→符号化→標本化　　④ 標本化→量子化→符号化
　　⑤ 符号化→量子化→標本化　　⑥ 標本化→符号化→量子化

☞146ページ
1　符号化・復号のしくみ

(4) 標本化定理によると、標本化するアナログ信号に含まれている [   ] の2倍以上の周波数でサンプリングすると、そのサンプリング信号から、元のアナログ信号が再生できる。

　　① 最高周波数　　② 可聴周波数
　　③ ベアラ速度　　④ 最低周波数

☞147ページ
2　シャノンの標本化定理

(5) PCM伝送方式は、一般に、パルスの [   ] を行うので、雑音やひずみの累積による増加がなく、レベル変動もほとんどない。

　　① 同　期　　② 再生中継　　③ 多重化
　　④ スクランブル　　⑤ 増　幅

☞148ページ
4　再生中継

(6) デジタル信号の伝送について述べた次の二つの記述は、 [   ] 。
　A　アナログ信号をデジタル化して伝送する方式では、アナログ信号の連続量を離散的な量に変換するときに生ずる折返し雑音の発生は避けられない。
　B　TDM方式は、各チャネル別にパルス信号の送出を時間的にずらして伝送することにより、伝送路を多重利用するものである。

　　① Aのみ正しい　　② Bのみ正しい
　　③ AもBも正しい　　④ AもBも正しくない

☞148ページ
5　符号化または復号の過程で発生する雑音
☞150ページ
1　多重伝送方式

(7) PCM信号の元の音声信号は、PCM信号を復号して [   ] 信号に戻したパルス列を、低域フィルタに通して取り出すことができる。

　　[① PPM　　② PAM　　③ PNM　　④ PWM]

☞146ページ
1　符号化・復号のしくみ

問4

次の各文章の _____ 内に、それぞれの [ ] の解答群の中から最も適したものを選び、その番号を記せ。

(1) パルスの繰返し周期が等しい N 個のPCM信号を時分割多重方式により伝送するためには、最小限、多重化後のパルスの繰返し周期を元の周期の _____ 倍になるように変換する必要がある。

[① $\dfrac{1}{N}$ ② $\dfrac{N}{2}$ ③ N ④ $2N$]

☞150ページ

1 多重伝送方式

(2) STMが時間位置多重といわれるのに対し、ATMは、各ATMセルのヘッダ情報によりATMセルの識別が行われることから、 _____ 多重といわれる。

[① 同 期 ② スタッフ ③ ラベル
④ 符号分割 ⑤ 周波数分割]

☞151ページ

3 デジタル信号の時分割多重化技術

(3) ある周波数以上のすべての周波数の信号を通過させ、その他の周波数の信号に対しては大きな減衰を与えるフィルタは、 _____ フィルタといわれる。

[① クリッパ ② 帯域通過 ③ 帯域阻止
④ 高域通過 ⑤ 低域通過]

☞152ページ

1 フィルタの種類

(4) 加算器、乗算器、単位時間遅延素子等を用い、デジタルな演算処理によって、必要な特性を実現しているフィルタは、 _____ フィルタといわれる。

[① デジタル ② LC ③ RC
④ SAW ⑤ 受 動]

☞152ページ

1 フィルタの種類

(5) 伝搬路における自然条件等の変化により、電波の受信 _____ が時間的に変動することをフェージングという。

[① 電界強度 ② 雑音電圧 ③ 周波数 ④ 帯域幅]

☞152ページ

4 無線伝送路の伝送品質

(6) 静止軌道の通信衛星で回線を1中継すると、信号の伝搬時間は、約 _____ 秒増加する。

[① 0.1 ② 0.3 ③ 0.5 ④ 0.8 ⑤ 1.0]

☞152ページ

4 無線伝送路の伝送品質

166

問5

次の各文章の 　　　　 内に、それぞれの［　　］の解答群の中から最も適したものを選び、その番号を記せ。

(1)　光ファイバ伝送方式においては、光信号が光ファイバの中にほぼ完全に閉じこめられた形で伝送されるため、長距離を伝送しても 　　　　 は、発生しない。

[①　漏　話　　②　伝送損失　　③　帯域制限]

☞154ページ

1　光ファイバ伝送路

(2)　光ファイバは、コアといわれる中心層とクラッドといわれる外層の2層構造から成り、中心層の屈折率を外層の屈折率 　　　　 することにより、光は、中心層内を外層との境界で全反射を繰り返しながら進んで行く。

[①　と等しく　　②　より大きく　　③　より小さく]

☞154ページ

1　光ファイバ伝送路

(3)　光ファイバには、大別して、SM形とGI形とがあるが、このうち、SM形の伝送特性をGI形の伝送特性と比較して示すと、次の表の 　　　　 となる。

[①　A　　②　B　　③　C　　④　D]

☞154ページ

1　光ファイバ伝送路

	比　較　項　目		
	帯域幅	光の分散	光の損失
A	広　い	小さい	小さい
B	狭　い	大きい	小さい
C	広　い	大きい	大きい
D	狭　い	小さい	小さい

(4)　光ファイバ通信で用いられる光変調方式の一つに、LEDやLDなどの発光素子の駆動電流を変化させることにより、電気信号から光信号への変換を行う 　　　　 変調方式がある。

[①　直　接　　②　角　度　　③　間　接]

☞154ページ

2　送信装置

(5)　光ファイバ通信に用いられる光変調方式には、LEDやLDなどの光源を直接変調する方式と、外部変調器を用いて光の属性の一つである 　　　　 などを変化させる方式がある。

[①　反射率　　　②　強　度　　③　伝搬速度
④　伝搬モード　　⑤　符号長]

☞154ページ

2　送信装置

(6) 光ファイバ通信において、光信号を直接変調する場合、半導体レーザを数十〔GHz〕以上の高速で変調を行うとき、瞬時的なキャリアの変動で活性層の屈折率が変動し、光の波長が変動する現象は、□□□□□といわれる。

☞154ページ
2 送信装置

[
① ポッケルス効果　　② 波長多重
③ 光カー効果　　　　④ 圧電現象
⑤ 波長チャーピング
]

(7) 光ファイバ通信に用いられる光の変調方法の一つに、物質に電界を加え、その強度を変化させると、物質の屈折率が変化する□□□□□効果を利用したものがある。

☞154ページ
2 送信装置

[
① 音響光学　　② 光回折
③ ポッケルス　④ 磁気光学
]

(8) 光ファイバケーブルを使用するときは、その両端に□□□□□を光に変換する発光素子及びその逆変換を行う受光素子が必要となる。

☞154ページ
2 送信装置

[① 電　波　　② 電　気　　③ 周波数]

問6

次の各文章の□□□□□内に、それぞれの[　　]の解答群の中から最も適したものを選び、その番号を記せ。

(1) 光中継システムに用いられる光再生中継器では、伝送途中で発生した雑音やひずみなどにより減衰劣化した信号波形を再生中継するために、□□□□□、タイミング抽出及び識別再生の機能を有しており、3R機能ともいわれる。

☞156ページ
4 中継装置

[
① 等化増幅　　② 強度変調
③ 波長分散　　④ 位相同期
]

(2) 光ファイバ伝送路に用いられる線形中継器は、波長が異なる信号光の一括増幅が可能であり、かつ、光信号のまま直接増幅しているため伝送速度に制約されないことから、伝送路の□□□□□化に柔軟に対応できる。

☞156ページ
4 中継装置

[
① FDM　　② SDM　　③ TCM
④ TDM　　⑤ WDM
]

(3)　光ファイバ伝送システムなどに用いられる光ファイバ増幅器について
述べた次の二つの記述は、□□□□。

A　光ファイバ増幅器は、一般に、識別再生回路、励起用光源、増幅
用光ファイバ、光フィルタなどで構成される。

B　光ファイバ増幅器には、励起用光源として半導体レーザを用い、
増幅用光ファイバとして希土類元素のエルビウムイオンを添加した光
ファイバを用いた、一般に、EDFAといわれるものがある。

［① 　Aのみ正しい　　　② 　Bのみ正しい　　　
③ 　AもBも正しい　　　④ 　AもBも正しくない］

☞156ページ

4　中継装置

(4)　光ファイバ中の屈折率の変化（揺らぎ）によって光が散乱する現象
は、□□□□ 散乱といわれ、□□□□ 散乱による損失は光波長の4
乗に反比例する。

［① 　ブリルアン　　　② 　ラマン　　　③ 　ミー
④ 　コンプトン　　　⑤ 　レイリー］

☞158ページ

1　光損失

(5)　光ファイバ内における光の伝搬速度はモードや波長によって異なり、
受信端での光信号の到達時間に差が生ずる。この現象は、□□□□
といわれる。

［① 　干　渉　　　② 　分　　散　　　③ 　エコー］

☞158ページ

2　光ファイバのベースバンド
　周波数特性

(6)　シングルモード光ファイバの伝送帯域は、主に光ファイバの構造分散
と□□□□との和で表される波長分散によって制限される。

［① 　伝搬モード数　　　② 　モード分散　　　③ 　屈折率
④ 　材料分散　　　　　⑤ 　偏波分散］

☞158ページ

2　光ファイバのベースバンド
　周波数特性

(7)　光ファイバにおける開口数などについて述べた次の二つの記述は、
□□□□。

A　光ファイバにおける開口数（NA）は、光ファイバへの光の入射条件
を示すものであり、光源と光ファイバの結合効率を決定するパラメー
タの一つである。

B　光ファイバのコアの屈折率をn_1、クラッドの屈折率をn_2とするとき、
比屈折率差Δは、一般に、次式で近似される。

$$\Delta = \frac{n_1 - n_2}{n_1}$$

［① 　Aのみ正しい　　　② 　Bのみ正しい
③ 　AもBも正しい　　　④ 　AもBも正しくない］

☞159ページ

3　光ファイバのパラメータ

次の各文章の □□□□□ 内に、それぞれの [　　] の解答群の中から最も適したものを選び、その番号を記せ。

(1)　光アクセスネットワークの構成の一つで、設備センタとユーザ間に、光スプリッタなどの光受動素子を設け、光ファイバ心線の共用化を図ったネットワーク構成は、□□□□□ 型といわれる。

　　　[① ADS　　② PDS　　③ SS]

☞160ページ
1　光アクセス系の網構成

(2)　一つの波長の光信号を N 個の光信号に分配したり、N 個の光信号を一つの光信号に収束したりする機能を持つ光デバイスは、□□□□□ といわれ、特に、N が大きい場合は、光スターカプラともいわれる。

　　　[①　光アイソレータ　　②　光分岐・結合器　　③　光スイッチ]

☞160ページ
1　光アクセス系の網構成

(3)　一般に、ピンポン伝送方式といわれ、上り方向・下り方向の伝送に対して時間差を設けることにより、光ファイバ1心で双方向伝送を実現する技術は、□□□□□ といわれる。

　　　[① SDM　　② TCM　　③ TDM　　④ FDM]

☞160ページ
2　双方向多重伝送方式

(4)　光ファイバ伝送方式において、1心の光ファイバに、波長の異なる複数の光信号を多重化し、伝送する方式は、□□□□□ 方式といわれる。

　　　[① SDM　　② TCM　　③ TDM　　④ WDM]

☞160ページ
2　双方向多重伝送方式

(5)　光ファイバの利点である広帯域性を有効に利用したものとしては、波長の異なる複数の光信号を光ファイバの1心で伝送する方式がある。このとき、数波長から10波長程度を多重化して伝送する方式は、特に、□□□□□ といわれる。

　　　[① CWDM　　② DWDM　　③ TDM　　④ TCM]

☞160ページ
2　双方向多重伝送方式

(6)　光ファイバの利点である広帯域性を有効に利用したものとしては、波長の異なる複数の光信号を1本の光ファイバで伝送する方式がある。このとき、100ギガヘルツ間隔で100波長程度を多重化して伝送する方式は、特に、□□□□□ といわれる。

　　　[① DWDM　　② CWDM　　③ TDM　　④ TCM]

☞160ページ
2　双方向多重伝送方式

(7)　光増幅器を用いた光中継システムにおいて、光信号の増幅に伴い発生する　　　　　は、受信端における*SN*比の低下など、伝送特性劣化の要因となる。

☞161ページ

3　伝送品質の劣化要因

$\begin{bmatrix} ① & ASE雑音 & ② & ショット雑音 & ③ & 波長分散 \\ ④ & 暗電流 & ⑤ & 熱雑音 & & \end{bmatrix}$

(8)　光伝送システムに用いられる受光素子において、受光時に電子が不規則に放出されるために生ずる受光電流の揺らぎによる雑音は、一般に、　　　　　といわれる。

☞161ページ

3　伝送品質の劣化要因

$\begin{bmatrix} ① & 過負荷雑音 & ② & 熱雑音 & ③ & ショット雑音 \end{bmatrix}$

解答

問1－(1)③　(2)②　(3)④　(4)①　(5)④　(6)①　(7)②
問2－(1)④　(2)③　(3)③　(4)②　(5)⑤　(6)①　(7)⑤
問3－(1)④　(2)④　(3)④　(4)①　(5)②　(6)②　(7)②
問4－(1)①　(2)②　(3)④　(4)①　(5)①　(6)②
問5－(1)①　(2)②　(3)①　(4)①　(5)②　(6)⑤　(7)③　(8)②
問6－(1)①　(2)⑤　(3)①　(4)⑤　(5)①　(6)④　(7)③
問7－(1)②　(2)②　(3)②　(4)④　(5)①　(6)①　(7)①　(8)③

解　説

問1

(1)　1ビット当たりの信号送出時間が0.65〔μs〕すなわち0.65×10^{-6}〔s〕であるから、1秒当たりのビット数は

$$\frac{1〔\text{bit}〕}{0.65×10^{-6}〔\text{s}〕} ≒ 1.54×10^{6}〔\text{bit/s}〕$$

よって、この場合のデータ信号速度は**1.54Mbit/s**である。

(7)　%*ES*は符号誤りを1つ以上含む秒の数が全測定時間に占める割合であるから、

符号誤りのあった秒の数÷測定時間×100

＝2÷100×100＝**2**〔%〕

なお、誤りが発生したそれぞれの「1秒」の間に誤りがいくつあっても誤り率には影響しない。

問2

(6)　4相位相変調方式では1変調当たりの情報量が2ビット、8相位相変調方式では1変調当たりの情報量が3ビットであるから、変調速度が同じならば8相位相変調方式のデータ信号速度は4相位相変調方式の3÷2＝**1.5**〔倍〕である。

索引

索引

【編集協力者】

吉川 忠久（よしかわ ただひさ）

1953年、栃木県生まれ。東京理科大学物理学科卒業。
郵政省関東電気通信監理局を経て、現在、中央大学兼任講師、明星大学および日本工学院
八王子専門学校非常勤講師。

主な資格

デジタル第1種工事担任者、アナログ第1種工事担任者、第1種伝送交換主任技術者、
第1級総合無線通信士、第1級陸上無線技術士、第1級アマチュア無線技士

主な著書

やさしく学ぶ第一級陸上無線技術士試験（オーム社）

第一級陸上無線技術士試験 吉川先生の過去問解答・解説集（オーム社）

1・2陸技受験教室（東京電機大学出版局）

第一級陸上特殊無線技士合格精選試験問題集（東京電機大学出版局）

技術者のための情報通信法規教本（日本理工出版会）

など多数

こうじ たんにんしゃ
工事担任者
かもくべつ
科目別テキスト　**わかる全資格[基礎]**
ぜんしかく きそ

2021年　2月22日　第1版第1刷発行	
2021年 12月17日　第1版第2刷発行	

編　者　株式会社リックテレコム
　　　　書籍出版部
発行人　新関卓哉
編集担当　塩澤　明
発行所　株式会社リックテレコム
〒113-0034　東京都文京区湯島3—7—7
　　　　電話　03（3834）8380（代表）
　　　　振替　00160—0—133646
　　　　URL　https://www.ric.co.jp/

装丁　長久 雅行
組版　㈱リッククリエイト
印刷・製本　三美印刷㈱

●訂正等
本書の記載内容には万全を期しておりますが、万一誤りや情報内容の変更が生じた場合には、当社ホームページの正誤表サイトに掲載しますので、下記よりご確認ください。
＊正誤表サイトURL
https://www.ric.co.jp/book/errata-list/1

●本書の内容に関するお問い合わせ
FAXまたは下記のWebサイトにて受け付けます。回答に万全を期すため、電話でのご質問にはお答えできませんのでご了承ください。
・FAX：03-3834-8043
・読者お問い合わせサイト：https://www.ric.co.jp/book/のページから「書籍内容についてのお問い合わせ」をクリックしてください。

製本には細心の注意を払っておりますが、万一、乱丁・落丁（ページの乱れや抜け）がございましたら、当該書籍をお送りください。送料当社負担にてお取り替え致します。

ISBN978—4—86594—271—2